社会公众办理专利事务操作指南

国家知识产权局专利局南京代办处　组织编写

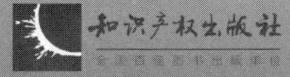
知识产权出版社

图书在版编目（CIP）数据

社会公众办理专利事务操作指南/国家知识产权局专利局南京代办处组织编写．—北京：知识产权出版社，2019.1
ISBN 978-7-5130-5908-4

Ⅰ.①社… Ⅱ.①国… Ⅲ.①专利—审查—中国—指南 Ⅳ.①G306.3-62

中国版本图书馆 CIP 数据核字（2018）第 236518 号

内容提要

本书由多年从事专利事务办理服务工作的专业人员在立足专利审查前沿阵地、深入了解社会公众对于专利事务办理流程现实需求的基础上编写而成，编者用流程图的方式直观地显示了操作步骤，为注册专利电子申请用户、办理专利事务服务业务和缴纳专利规费提供了简单明了的指引。

本书适合普通的有办理专利申请相关业务需要的申请人及对专利事务工作感兴趣或做研究的大众和学者以及参与相关实践工作的企事业单位人员将其作为基础入门读物。

责任编辑：可　为	责任校对：谷　洋
装帧设计：麒麟轩设计	责任印制：刘译文

社会公众办理专利事务操作指南
国家知识产权局专利局南京代办处　组织编写

出版发行：知识产权出版社有限责任公司	网　　址：http://www.ipph.cn
社　　址：北京市海淀区气象路 50 号院	邮　　编：100081
责编电话：010-82000860 转 8335	责编邮箱：kewei@cnipr.com
发行电话：010-82000860 转 8101/8102	发行传真：010-82000893/82005070/82000270
印　　刷：北京嘉恒彩色印刷有限责任公司	经　　销：各大网上书店、新华书店及相关专业书店
开　　本：880mm×1230mm　1/32	印　　张：5.375
版　　次：2019 年 1 月第 1 版	印　　次：2019 年 1 月第 1 次印刷
字　　数：130 千字	定　　价：30.00 元
ISBN 978-7-5130-5908-4	

出版权专有　侵权必究
如有印装质量问题，本社负责调换。

编委会

主　编：董来娣
副主编：吕阳红　诸　琳　罗　马　徐　阔
编　委：诸　琳　罗　马　徐　阔　鞠　霄
　　　　　朱凡凡　朱赟之　左文佳　詹文清
　　　　　黄　荣　许　磊

前　言

为满足社会各界对专利事务办理技能的需要，国家知识产权局专利局南京代办处（以下简称"南京代办处"）立足专利审查前沿阵地的定位，利用贴近基层、直面申请人的优势，以提高专利事务办理效率、提升专利质量为着眼点，编写了《社会公众办理专利事务操作指南》一书，旨在对全社会普及推广专利申请、专利缴费等流程知识，从而发挥强有力的示范引导作用。

本书主要是在收集社会公众近年来对于专利事务办理流程需求的基础上，总结归纳提炼了注册专利电子申请用户、办理专利申请和专利事务服务业务、缴纳专利规费等方面的操作流程，是南京代办处组织编写的《专利事务问答》一书的姊妹篇，适合需要办理专利事务的人员使用。

在本书的编写过程中，董来娣以其长期积累的丰富的知识产权研究与实践经验和长期从业形成的业务知识，对本书的整体框架进行了设计和把控。本书撰写的具体分工为：罗马负责第一章，徐阔、朱赟之、朱凡凡负责第二章，诸琳、鞠霄、左文佳、詹文清、黄荣、许磊负责第三章。吕阳红对本书进行了审稿工作，并提出了许多宝贵的意见。

参加本书编写的人员虽然多年从事专利事务办理的服务工作，但仍难免有疏忽和不当之处，恳请广大读者批评指正。

编　者

2018 年 7 月 30 日

目 录

第一章 专利申请操作指南 ··· 1
    第一节 专利纸件申请业务 ·· 1
        一、办理流程 ·· 1
        二、提交方式 ·· 2
        三、需提交的申请文件 ·· 2
        四、代办处不予受理的文件 ···································· 2
        五、办结时限 ·· 2
    第二节 专利电子申请业务 ·· 2
        一、用户注册及证书下载 ······································ 4
        二、在线交互式平台使用指南 ································· 13
        三、中国专利电子申请客户端使用指南 ························· 31

第二章 专利事务服务业务办理指南 ···································· 52
    第一节 专利登记簿副本业务 ····································· 52
        一、办理流程 ··· 52
        二、需提交的文件 ··· 53
        三、费用（专利文件副本证明费） ····························· 53
        四、不予办理专利登记簿副本的情形 ··························· 53
        五、办结时限 ··· 53

第二节　在先申请文件副本业务 …… 54
　　一、办理流程 …… 54
　　二、需提交的文件 …… 55
　　三、费用（专利文件副本证明费）…… 55
　　四、办结时限 …… 55

第三节　批量专利申请（专利）法律状态证明业务 …… 56
　　一、办理流程 …… 56
　　二、需提交的文件 …… 57
　　三、费用（专利文件副本证明费）…… 57
　　四、办结时限 …… 57

第四节　文档查阅复制业务 …… 58
　　一、办理流程 …… 58
　　二、需提交的文件 …… 59
　　三、费用（专利文件副本证明费）…… 59
　　四、办结时限 …… 59

第五节　专利申请优先审查业务 …… 60
　　一、办理流程 …… 60
　　二、需提交的文件 …… 60
　　三、不予受理的情形 …… 61

第六节　专利实施许可合同备案业务 …… 61
　　一、办理流程 …… 61
　　二、需提交的文件 …… 62
　　三、不予备案的情形 …… 62
　　四、专利许可合同备案变更及注销需提交的文件 …… 63
　　五、办结时限 …… 63

第七节　专利权质押登记业务 …… 64
　　一、办理流程 …… 64

二、需提交的文件 ……………………………… 64
　　三、不予质押登记的情形 ………………………… 65
　　四、专利权质押变更及注销申请需提交的文件 ……… 65
　　五、办结时限 …………………………………… 66
第八节　专利收费减缴备案业务 …………………… 66
　　一、办理流程 …………………………………… 66
　　二、需提交的费减备案证明文件 ………………… 67
　　三、办结时限 …………………………………… 67
第九节　专利事务服务系统介绍 …………………… 67
　　一、系统介绍 …………………………………… 67
　　二、业务办理操作指南 ………………………… 69

第三章　缴纳专利规费 …………………………… 94

第一节　公共费用查询 ……………………………… 94
　　一、网络查询 …………………………………… 94
　　二、电话查询 …………………………………… 99
　　三、现场查询 …………………………………… 100
第二节　国家知识产权局专利局南京代办处专利缴费
　　　　操作指南 …………………………………… 100
　　一、面交缴费 …………………………………… 101
　　二、寄交缴费 …………………………………… 103
　　三、电子申请注册用户网上缴费 ………………… 105
第三节　专利缴费信息网上补充及管理系统操作指南 … 146
　　一、通过电脑登录信息补充系统 ………………… 147
　　二、信息补充系统移动客户端应用（APP）登录
　　　　使用手册（Android 手机）………………… 156

第一章 专利申请操作指南

第一节 专利纸件申请业务

一、办理流程（如图1-1-1所示）

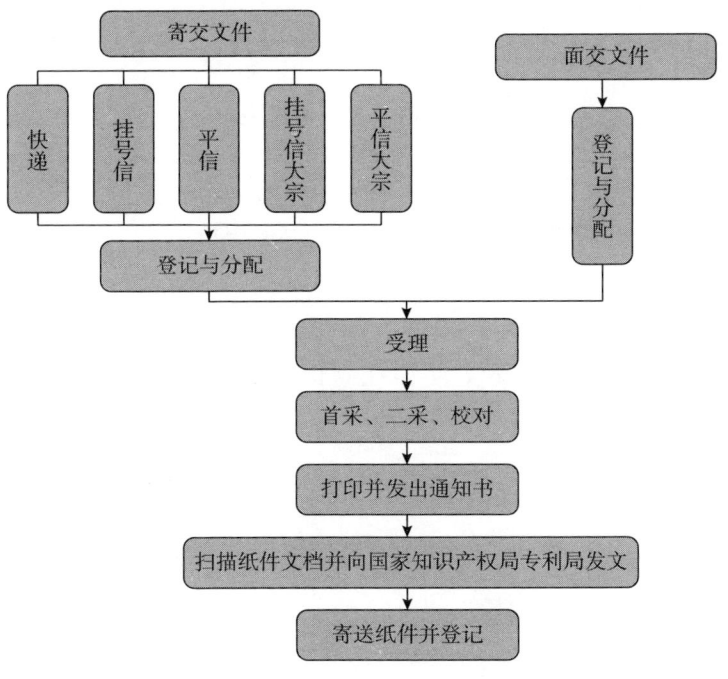

图1-1-1 专利纸件申请业务办理流程

二、提交方式

申请人将准备好的申请文件及其他文件，面交到国家知识产权局专利局的受理窗口或邮寄至"国家知识产权局专利局受理处"，也可面交或寄交至国家知识产权局专利局在各地设立的代办处。

三、需提交的申请文件

1. 发明专利申请：发明专利请求书、说明书摘要、权利要求书、说明书（必要时需有附图）及其他相关文件。

2. 实用新型专利申请：实用新型专利请求书、说明书摘要、摘要附图、权利要求书、说明书、说明书附图及其他相关文件。

3. 外观设计专利申请：外观设计专利请求书、外观设计图片或照片、外观设计简要说明及其他相关文件。

四、代办处不予受理的文件

1. PCT 申请文件。
2. 专利申请被受理后提交的其他中间文件。

五、办结时限

4 个工作日。提交文件存在缺陷的，自缺陷完全消除之日起算。

第二节　专利电子申请业务

电子申请是指以互联网为传输媒介将专利申请文件以符合规定

的电子文件形式向国家知识产权局提出的专利申请。申请人可通过电子申请系统向国家知识产权局提交发明、实用新型和外观设计专利申请和中间文件，以及中国国家阶段的国际申请和中间文件。与传统的纸件申请相比，专利电子申请具有全天候服务、轻松收发文件、缩短审查周期、低碳环保、提高申请质量等诸多优势，格式正确完整的电子申请提交后只需一个工作日便可拿到受理通知书。办理流程如图1－2－1所示。

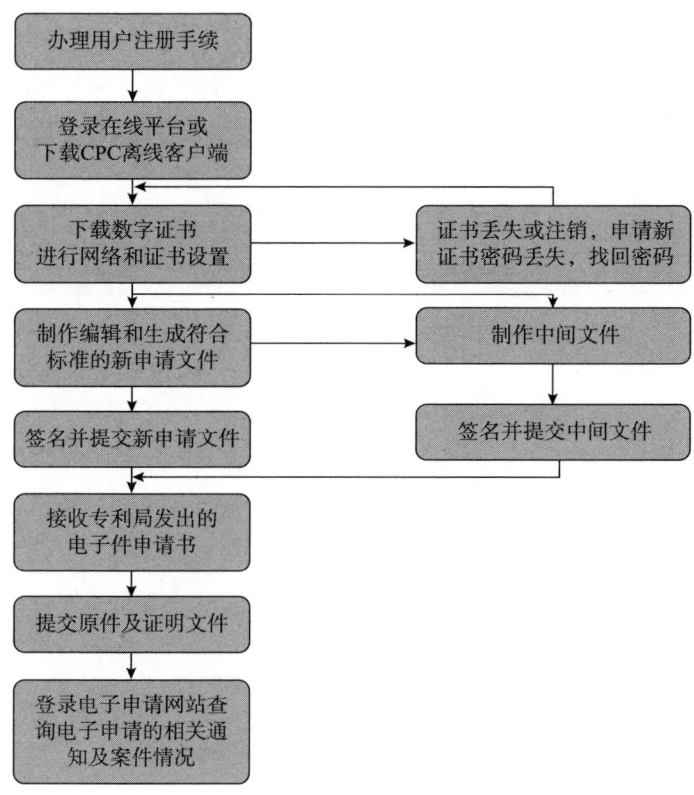

图1－2－1　专利电子申请业务办理流程

一、用户注册及证书下载

第一步：登录中国专利电子申请网 http：//cponline.sipo.gov.cn，点击"注册"。如图1-2-2所示。

图1-2-2　中国专利电子申请网首页

第二步：进入注册页面，阅读注册协议，确认无误后，选择同意以上声明，点击"提交"，如图1-2-3所示。

图1-2-3　专利电子申请系统用户注册协议

第三步：进入信息填写页面，选择注册类型，带星号的红色字体为必填项，填写详细信息界面如图1-2-4和图1-2-5所示。

图1-2-4　填写注册信息1

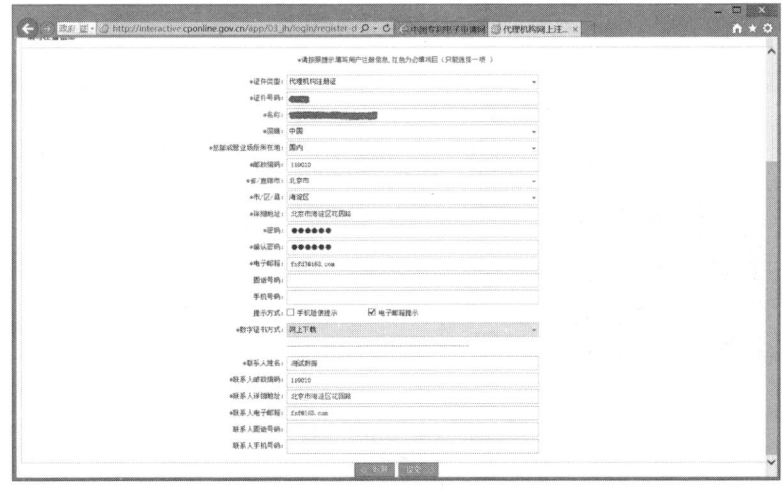

图1-2-5　填写注册信息2

● 社会公众办理专利事务操作指南

第四步：系统返回注册结果：注册成为正式用户的，系统将以电子形式的"专利电子申请用户注册审批通知单"反馈用户账号和用户密码；注册成为临时用户的，系统将返回临时用户账户，并提示注册人在规定时间内将注册的证明文件以邮寄方式办理正式用户注册手续。专利电子用户注册审批通知单界面如图1-2-6所示。

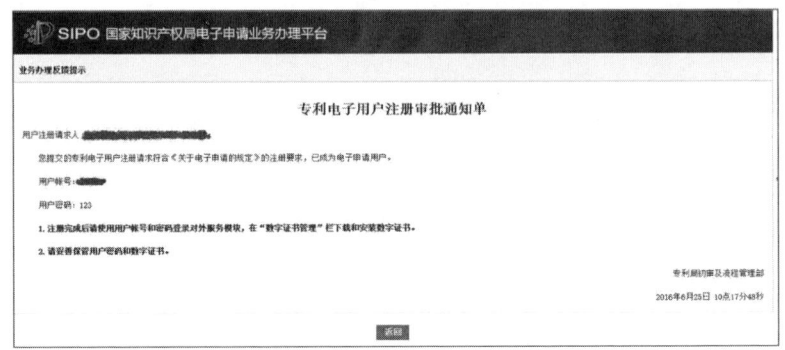

图1-2-6　专利电子用户注册审批通知单界面

第五步：返回登录界面，输入账号和密码，点击"登录在线平台"。在线平台登录界面如图1-2-7所示。

图1-2-7　在线平台登录界面

第一章 专利申请操作指南

第六步：登录在线平台之后，点击"其他"模块中的"用户证书"，再进入"证书管理"进行下载，如图1-2-8所示。

图1-2-8 证书下载

第七步：在证书管理界面点击证书下载，系统自动弹出证书安装界面，点击"确定"，如图1-2-9所示。

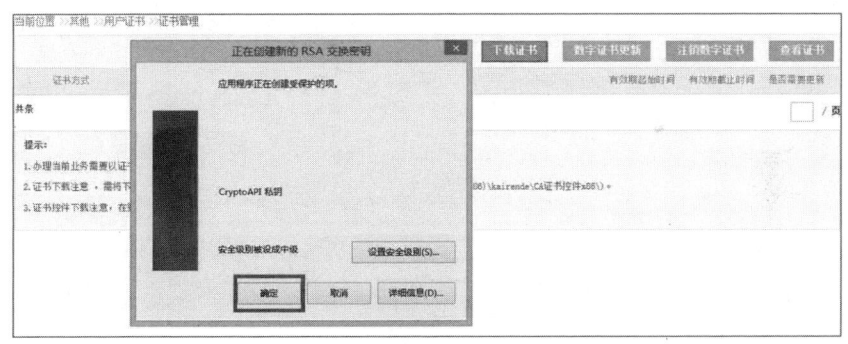

图1-2-9 证书安装

第八步：证书下载安装完毕，可以在如图1-2-10所示界面查看到证书。

● 社会公众办理专利事务操作指南

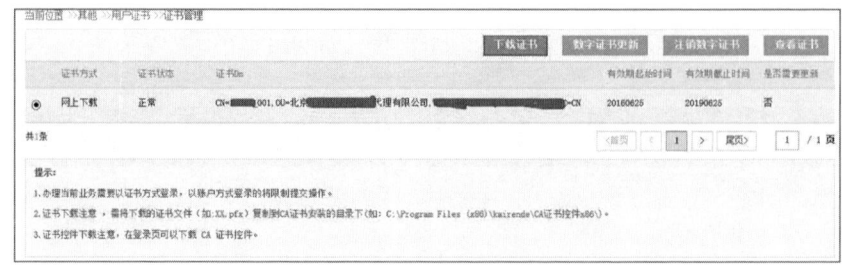

图 1-2-10　证书管理

第九步：选择工具，点击"Internet 选项"开始导出证书，如图 1-2-11 所示。

图 1-2-11　证书导出 1

第十步：点击"Internet 选项"中的"证书"按钮，如图 1-2-12 所示。

第一章 专利申请操作指南

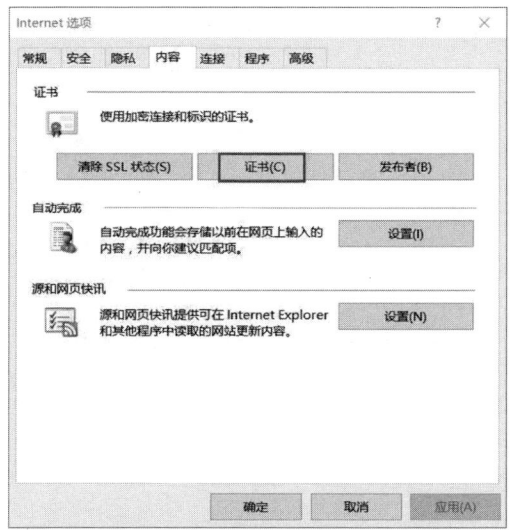

图 1-2-12 证书导出 2

第十一步：进入证书界面，选择对应编号的证书，点击"导出"按钮，如图 1-2-13 所示。

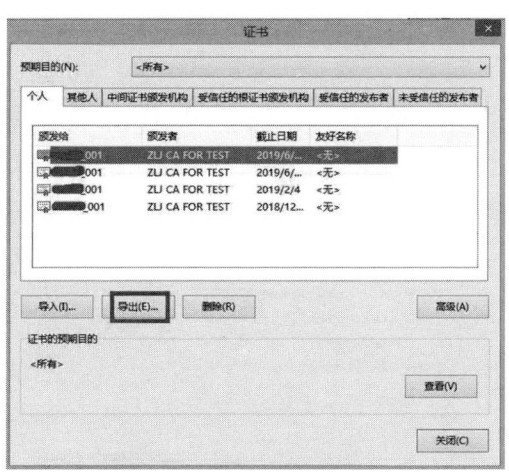

图 1-2-13 证书导出 3

第十二步：选择"是，导出私钥"，点击下一步，如图1-2-14所示。

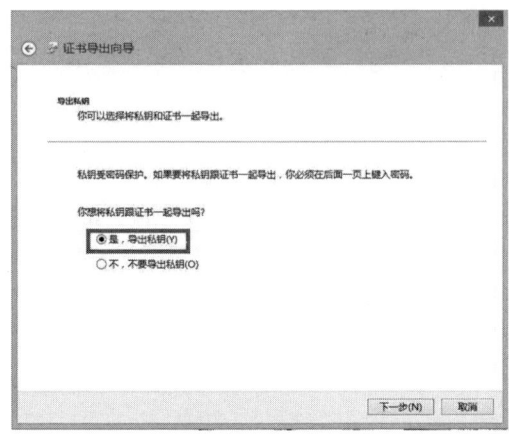

图1-2-14　证书导出4

第十三步：在图1-2-15显示的界面，点击"下一步"。

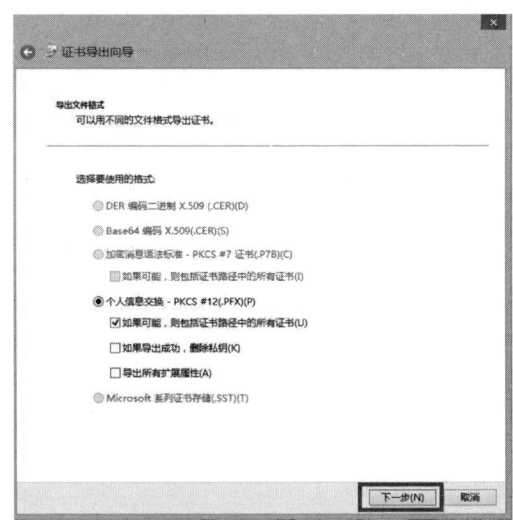

图1-2-15　证书导出5

第十四步：勾选"密码"，填写密码，点击"下一步"，如图 1-2-16 所示。

图 1-2-16　证书导出 6

第十五步：填写文件名，选择要另存为的路径，"保存"后点击"下一步"，如图 1-2-17 所示。

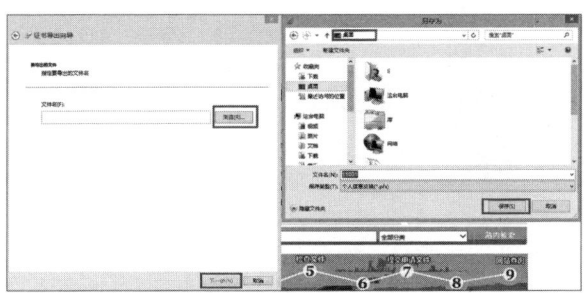

图 1-2-17　证书导出 7

第十六步：点击"完成"，如图1-2-18所示。

图1-2-18　证书导出8

第十七步：点击"确定"，如图1-2-19所示。

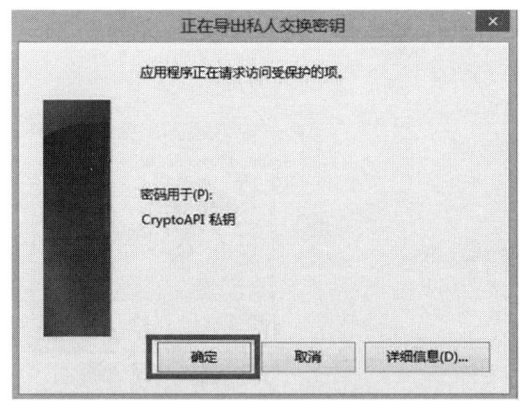

图1-2-19　证书导出9

第十八步：在另存为的路径下找到已经保存好的证书，如图 1-2-20 所示。

图 1-2-20　证书导出 10

第十九步：如图 1-2-21 所示，将证书复制到"C：\Program Files（x86）\kairende\CA 证书控件"目录下，证书导出完成。

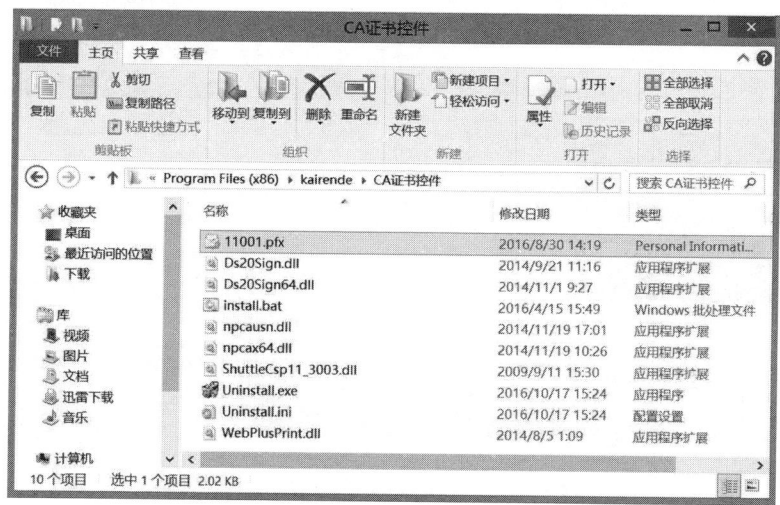

图 1-2-21　证书导出 11

二、在线交互式平台使用指南

（一）平台运行环境

操作系统：Windows XP、Windows 7、Windows 8

浏览器：IE8、IE9、IE10

文档编辑软件：Office 2003、Office 2007

推荐使用中文版 Windows 7、IE9 和 Office 2007

用户第一次使用在线业务办理平台需要下载并安装编辑器控件和证书控件。

（二）安装证书控件

第一步：登录中国专利电子申请网 http：//cponline.sipo.gov.cn，点击"控件下载"，下载证书控件和 OCX 控件并保存，如图 1-2-22 所示。

图 1-2-22　下载证书控件和 OCX 控件首页

第二步：解压压缩包，文件夹中有 CA 证书和 OCX 控件两个文件夹，打开 CA 文件夹，按照"readme.txt"文档提示，选择安装对应证书控件，如图 1-2-23 所示。

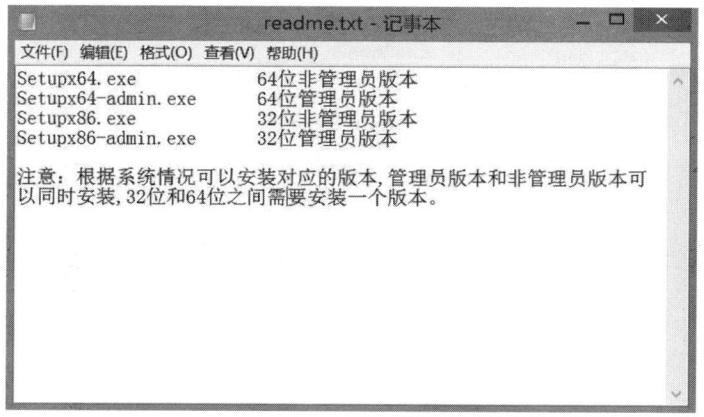

图 1-2-23　CA 证书控件安装 1

第三步：双击"证书控件"（以 Setupx64 为例），开始安装，点击"下一步"，如图 1-2-24 所示。

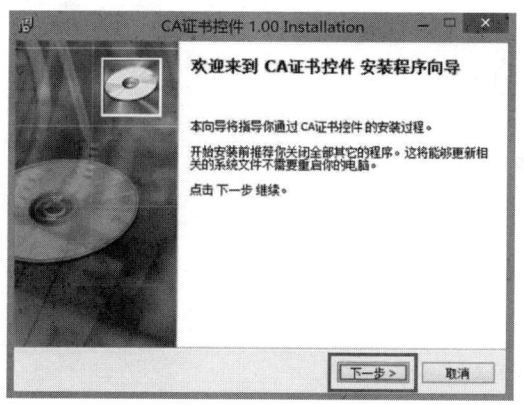

图 1-2-24　CA 证书控件安装 2

第四步：选择安装目录，一般为默认路径，之后点击"下一步"，如图 1-2-25 所示。

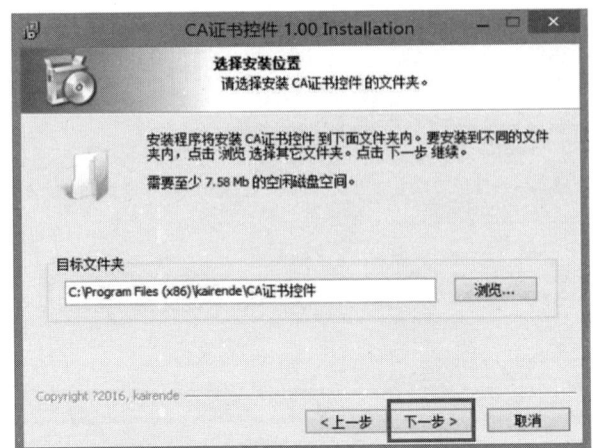

图 1-2-25　CA 证书控件安装 3

第五步：点击"安装"，如图 1-2-26 所示。

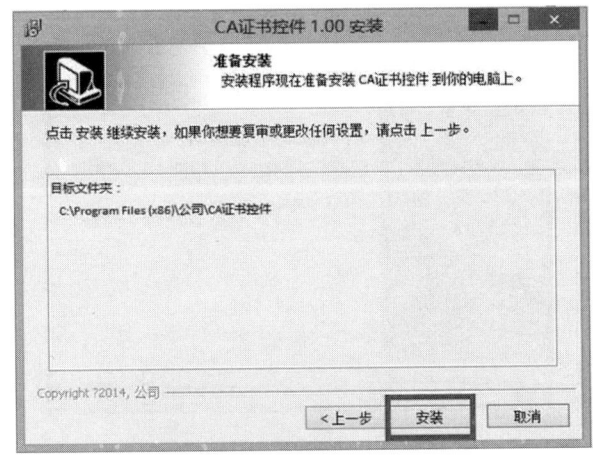

图 1-2-26　CA 证书控件安装 4

第六步：点击"完成"，如图 1-2-27 所示，证书控件安装完成。

第一章 专利申请操作指南

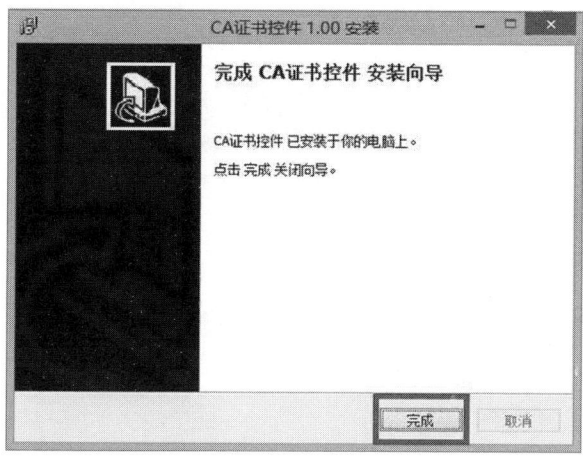

图1-2-27 CA证书控件安装5

(三) OCX 插件安装

第一步：双击下载好的 OCX 安装包，双击"setup.exe"进行安装，如图1-2-28所示。

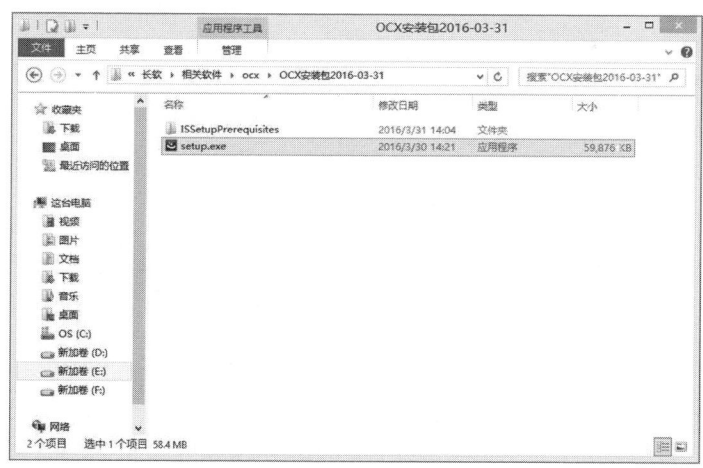

图1-2-28 OCX 插件安装1

第二步：显示此次一共需要安装 4 个相关软件，点击"安装"，如图 1-2-29 所示。

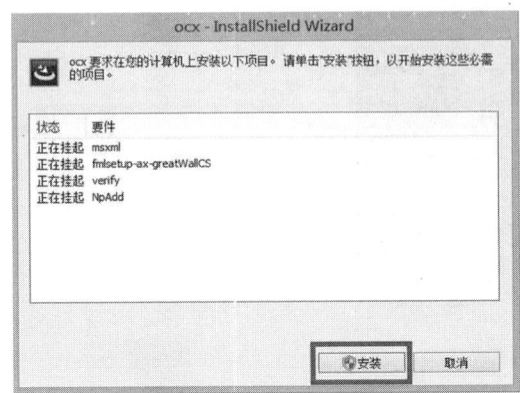

图 1-2-29　OCX 插件安装 2

第三步：首先提示安装 MSXML4.0，此程序为数学公式编辑器，点击"Install"进行安装，如图 1-2-30 所示。

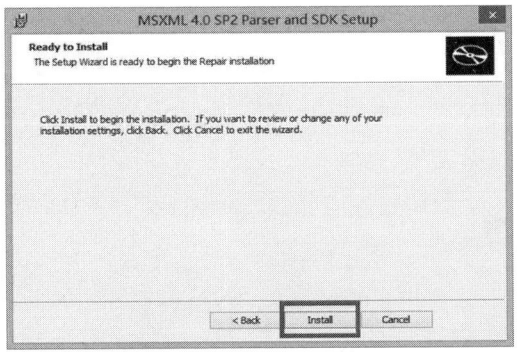

图 1-2-30　OCX 插件安装 3

第四步：第二个安装 ActiveX，同样按顺序设置，点击"Install"进行安装，如图 1-2-31 所示。

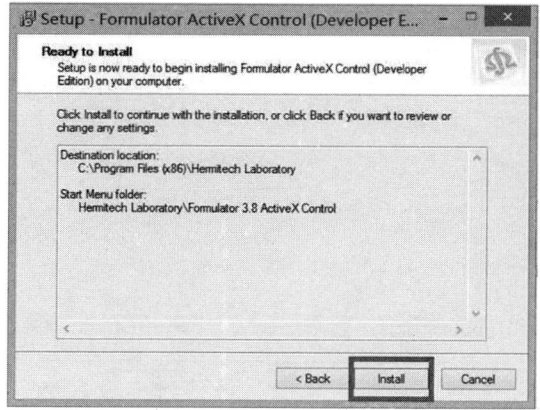

图 1 – 2 – 31　OCX 插件安装 4

第五步：安装程序会自动安装一个校验组件，待安装完成后点击"关闭"即可，如图 1 – 2 – 32 所示。

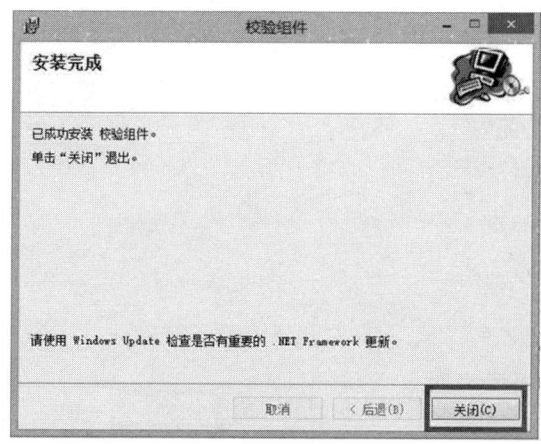

图 1 – 2 – 32　OCX 插件安装 5

第六步：第三个安装 File Checker，点击"Install"进行安装，如图 1 – 2 – 33 所示。

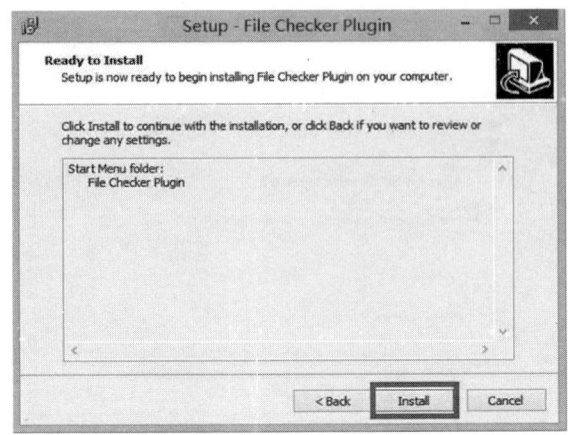

图 1-2-33　OCX 插件安装 6

第七步：第四个安装 OCX 插件，点击"安装"进行安装，如图 1-2-34 所示。

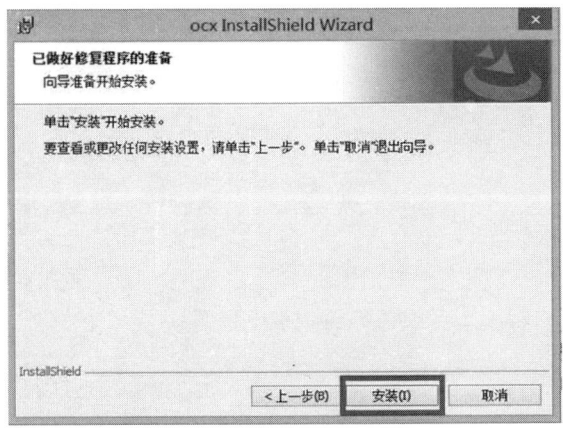

图 1-2-34　OCX 插件安装 7

第八步：安装完成提示界面如图 1-2-35 所示。

第一章　专利申请操作指南

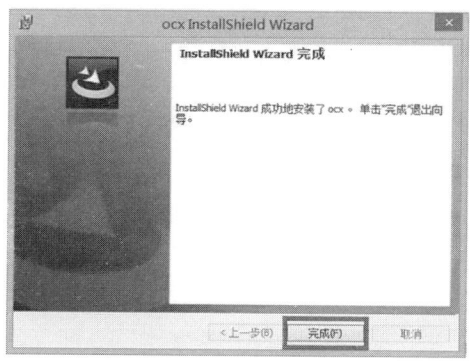

图1-2-35　OCX插件安装8

(四) IE 浏览器设置

1. 重置 IE 个人设置

第一步：使用 IE 浏览器登录网址 http://cponline.sipo.gov.cn/，点击"工具"，选择"internet 选项"，如图1-2-36所示。

图1-2-36　浏览器设置1

·21·

第二步：选中"高级"页签，点击"重置"，如图 1-2-37 所示。

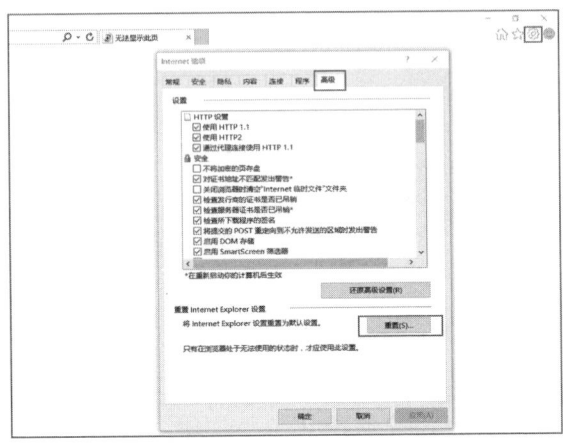

图 1-2-37　浏览器设置 2

第三步：勾选下图的"删除个人设置"选项后，点击"重置"，如图 1-2-38 所示。

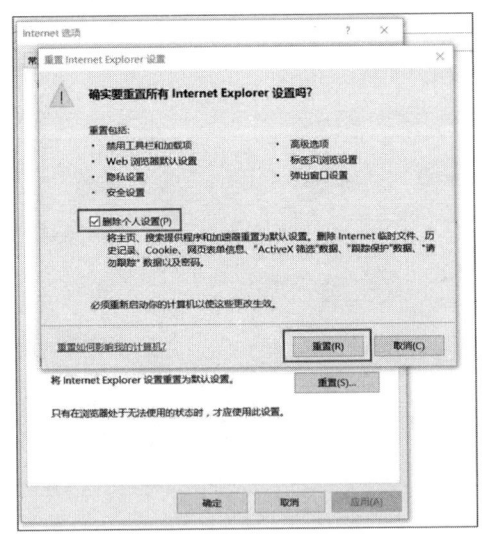

图 1-2-38　浏览器设置 3

2. 兼容性视图设置

第一步:打开 IE 浏览器,点击"工具"按钮,选择"兼容性视图设置",如图 1 - 2 - 39 所示。

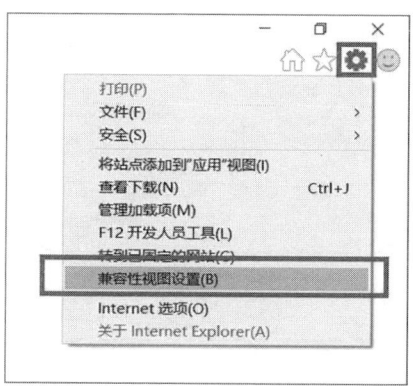

图 1 - 2 - 39　浏览器设置 4

第二步:点击"添加",关闭此页,如图 1 - 2 - 40 所示。

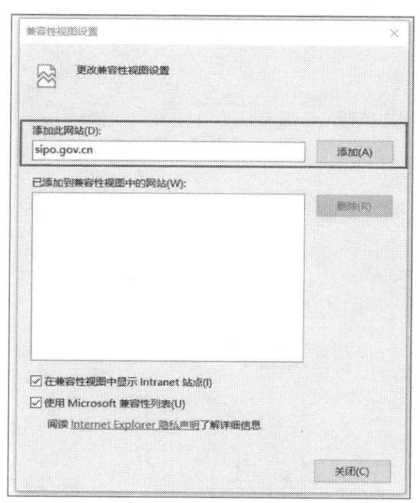

图 1 - 2 - 40　浏览器设置 5

3. 安全设置

第一步：点击"工具"按钮，选择"Internet 选项"，如图 1-2-41 所示。

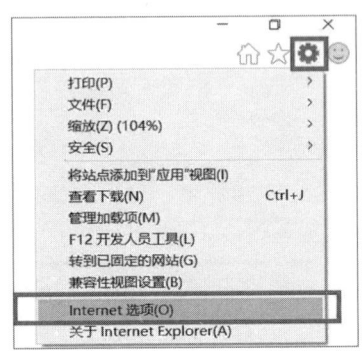

图 1-2-41　浏览器设置 6

第二步：选择"安全"页签，选中"受信任的站点"后点击"站点"，如图 1-2-42 所示。

图 1-2-42　浏览器设置 7

第三步：取消勾选，在网点添加区域填写"interactive.cponline.sipo.gov.cn"，点击"添加"后关闭本页，如图1-2-43所示。

图1-2-43　浏览器设置8

第四步：点击"自定义级别"，如图1-2-44所示。

图1-2-44　浏览器设置9

第五步：启用active控件和插件节点下的所有选项，点击"确定"，如图1-2-45所示。

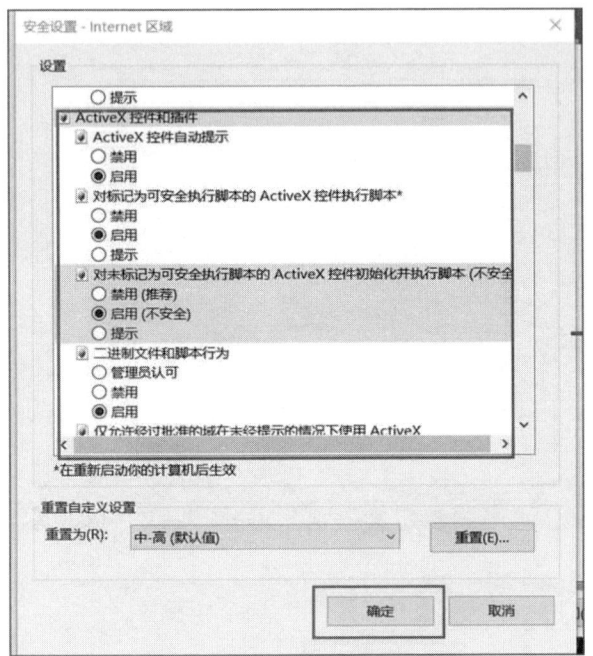

图1-2-45 浏览器设置10

以上设置全部完成后，便可使用专利电子申请网，办理专利申请及手续等业务。

（五）在线交互式平台操作方法

1. 编辑新申请案件

第一步：使用证书登录在线平台，编辑新申请案件。具体操作是：点申请专利中的发明、新型、外观或者PCT申请中的PCT发明和PCT新型之一，点击"新申请办理"进入案件编辑界面编辑，如图1-2-46所示。

第一章 专利申请操作指南

图1-2-46 交互式平台操作方法1

第二步：编辑完成后，点击"保存"并预览，如图1-2-47所示。

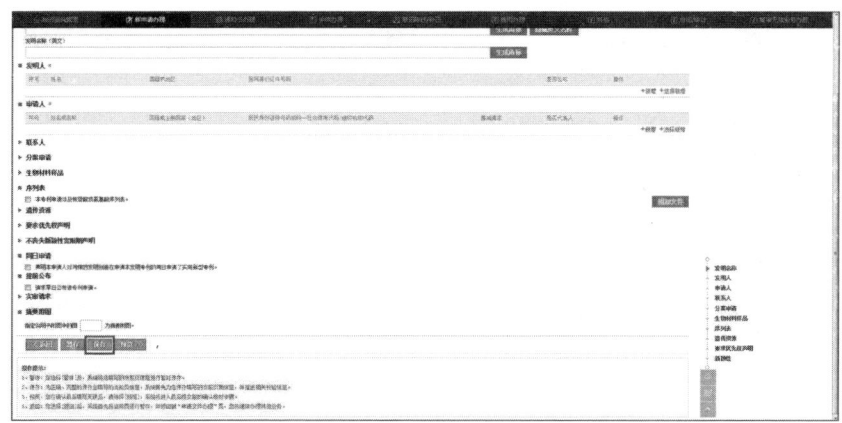

图1-2-47 交互式平台操作方法2

第三步：查看编辑完成的文件，点"提交发送"，系统会自动检测填写的问题，并提示，如图1-2-48所示。

· 27 ·

图 1-2-48　交互式平台操作方法 3

第四步：案件提交完成后会接收到业务办理回执，申请人可根据回执提示缴纳相关费用，如图 1-2-49 所示。

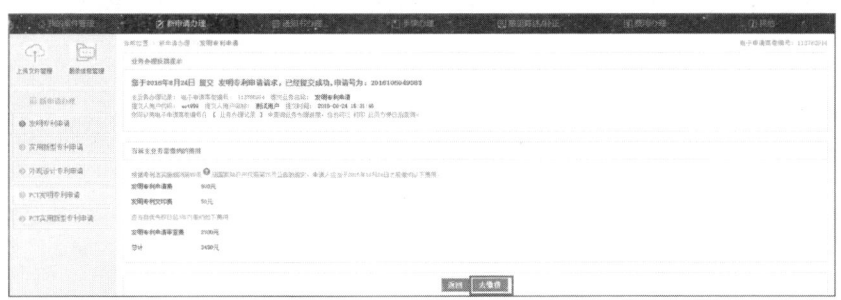

图 1-2-49　交互式平台操作方法 4

2. 通知书接收

申请人可进入"通知书办理"模块下的通知书接收确认模块，查看已接收到的通知书文件，如图 1-2-50 所示。

图 1-2-50　交互式平台操作方法 5

3. 中间文件制作

中间文件包括"手续办理"和"意见陈述/补正"两个模块，涵盖了著录项目变更、恢复权利请求、延长期限请求、提前公布声明、实质审查请求、费用减缴请求、答复审查意见、答复补正、主动提出修改等所有中间文件的内容，申请人可以通过相应模块进行具体文件的制作和发送，如图 1-2-51 和图 1-2-52 所示。

图 1-2-51　交互式平台操作方法 6

图 1-2-52 交互式平台操作方法 7

4. 纸件通知书申请

第一步：打开中国专利电子申请网，点击"登录在线平台"，如图 1-2-53 所示。

图 1-2-53 交互式平台操作方法 8

第二步：点击"通知书办理"，然后选择"纸件通知书申请"，通过申请号、发文序列号、发文日期等信息进行查询，在通知书列表中选择需要请求纸件的通知书，点击"发送纸件通知书请求"，如图 1-2-54 所示。

第一章 专利申请操作指南

图1-2-54 交互式平台操作方法9

第三步：申请人如需在各地代办处自取纸件通知书，提出请求后，应立刻联系代办处，并携带《通知书自取登记表》、申请人委托函或委托书、取件人的身份证复印件至代办处自取。如申请人无须自取，则由国家知识产权局专利局寄送通知书至申请人。

三、中国专利电子申请客户端使用指南

（一）中国专利电子申请客户端（以下简称"CPC客户端"）运行环境

Windows XP 32bit ＋ Microsoft Office 2003

Windows XP 32bit ＋ Microsoft Office 2007

Windows XP 32bit ＋ Microsoft Office 2010

Windows 7 32bit ＋ Microsoft Office 2003

Windows 7 32bit ＋ Microsoft Office 2007

Windows 7 32bit ＋ Microsoft Office 2010

Windows 7 64bit ＋ Microsoft Office 2003

Windows 7 64bit ＋ Microsoft Office 2007

Windows 7 64bit + Microsoft Office 2010

Windows 8 32bit（不含 RT 版）+ Microsoft Office 2003

Windows 8 32bit（不含 RT 版）+ Microsoft Office 2007

Windows 8 32bit（不含 RT 版）+ Microsoft Office 2010

Windows 8 64bit（不含 RT 版）+ Microsoft Office 2003

Windows 8 64bit（不含 RT 版）+ Microsoft Office 2007

Windows 8 64bit（不含 RT 版）+ Microsoft Office 2010

（二）CPC 客户端安装和升级

1. CPC 客户端安装

登录中国专利电子申请网页，点页面右侧"工具下载"按钮，弹出的工具下载列表中，如图 1－2－55 所示，选中"CPC 安装程序"，点击完成下载操作。下载解压后，按照提示操作安装完成即可。

图 1－2－55　CPC 客户端安装

2. CPC 客户端在线升级

由于客户端软件的修改和更新，用户需要及时使用 E 系统（EES）升级程序来更新 CPEES 客户端，使得客户端程序可以正常使用。

升级方式如下。

第一步：任务栏的右下角，如图 ▨▨中 ◀◉▨▨ 16:40，点击该图中的红框图标，或者点击系统桌面的开始菜单栏（Windows），选择"程序"→"E 系统（EES）升级程序"→"E 系统（EES）升级程序"→选择"E 系统（EES）升级程序"（如图 1-2-56 所示）。随即出现如图 1-2-57 所示界面。

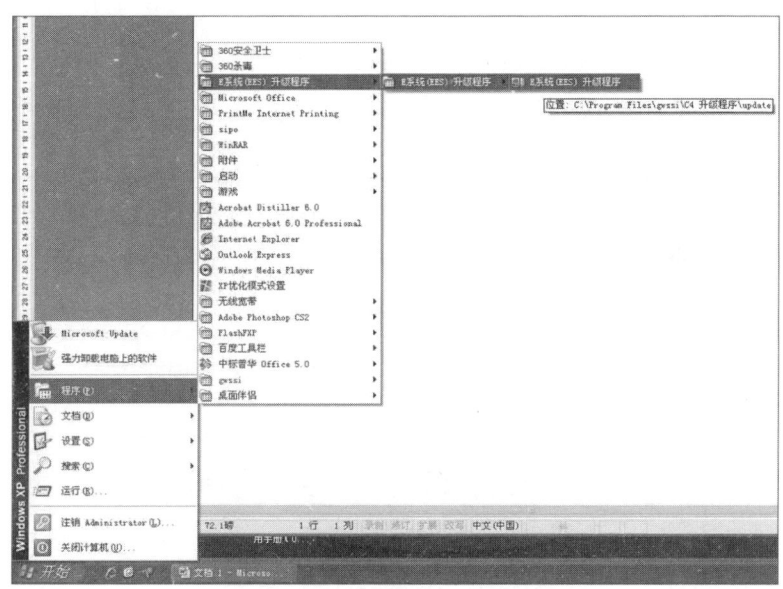

图 1-2-56　CPC 客户端在线升级 1

图 1-2-57　CPC 客户端在线升级 2

· 33 ·

第二步：升级前请先确定更新地址可用。在可用的情况下，点击"升级设置"后，选择"升级地址"，确认 IP 地址和端口号为 IP：202.96.46.61，端口号：7053，如图 1-2-58 所示。

图 1-2-58　CPC 客户端在线升级 3

第三步：选择"升级代理"，点击"测试"，如图 1-2-59 所示，确认连接成功。

图 1-2-59　CPC 客户端在线升级 4

确认升级程序可用后，请先点击"获取更新"按钮，然后点击"软件升级"按钮，升级程序可自动完成，系统将重新启动升级程序。

注意事项：如果自动升级失败的话，有两种解决办法：

方法一：自动升级失败后，请重复执行如上两个步骤，再次运行升级程序。（大概2到3次即可升级成功）

方法二：请打开任务管理器，关闭 updateSipo.exe 进程，然后直接运行 C：\Program Files\gwssi\ E 系统（EES）升级程序\update 目录下的 updateSelf.exe 即可自我升级成功。

对于其他组件的升级，如图1－2－60所示。在程序升级完成之后，再次打开 E 系统（EES）升级程序。

请先点击"获取更新"按钮，然后点击"软件升级"按钮，即可完成其他应用组件的升级。

图1－2－60　CPC 客户端在线升级5

注意事项：

若系统提示"部分主件安装成功/失败"，再次点击"软件升级"即可。原因：有些组件升级时可能会有冲突，或者服务器过于繁忙的情况下，会先升级一部分，然后再升级另一部分。

3. CPC 客户端离线升级

CPC 客户端离线升级包是给不能经常上网的电子申请用户（主要是代理机构）及其他及时升级程序有困难的电子申请用户，更新程序使用的。

使用方法如下：

第一步：登录中国专利电子申请网站，点击"工具下载"，在弹出的工具下载列表中，选中最新日期的离线升级包，点击进行下载，如图 1-2-61 所示。

图 1-2-61　CPC 客户端离线升级 1

第二步：下载成功后，双击该文件，在文件夹里选择"OffLineUpdate.exe"。系统会显示"电子申请客户端开始更新，请稍候……"，更新成功后先是"电子申请客户端更新成功！"你的程序即升级到最新程序，如图 1-2-62、图 1-2-63 和图 1-2-64 所示。

图 1-2-62　CPC 客户端离线升级 2

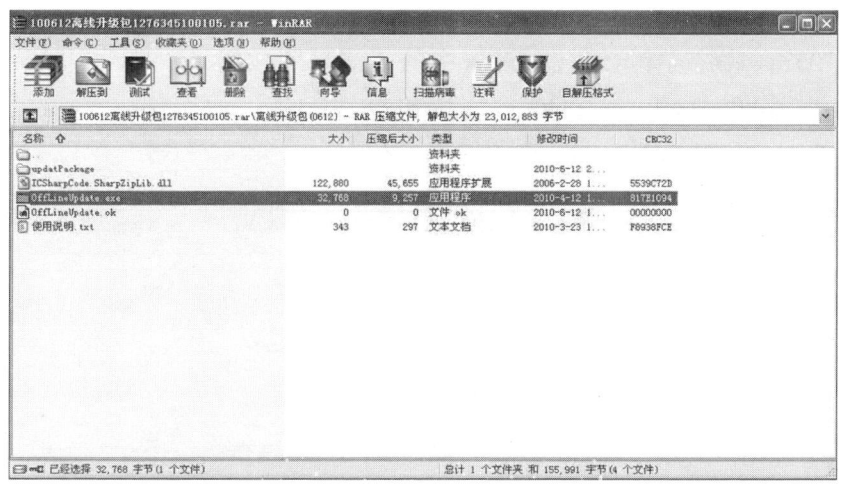

图 1-2-63　CPC 客户端离线升级 3

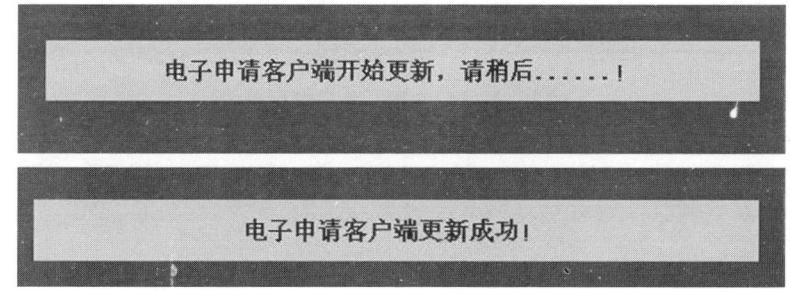

图 1-2-64　CPC 客户端离线升级 4

电子申请每次更新升级后，都会在电子申请网站的工具下载栏里面放上最新的离线升级包，使用离线升级包升级的用户，需要经常关注网站上是否有新的离线升级包。

4. CPC 客户端配置

打开 CPC 客户端，在界面中点选系统设置中下拉框中的选项，在弹出的系统设置框中，选"申请模式"，勾选最下面的"生产环

● 社会公众办理专利事务操作指南

境";接着选服务地址栏,输入服务器地址:202.96.46.61,端口:7053;最后选择网络代理设置中的"测试"按钮,如提示连接成功,操作成功,点"确定"按钮完成配置,如图1-2-65、图1-2-66和图1-2-67所示。

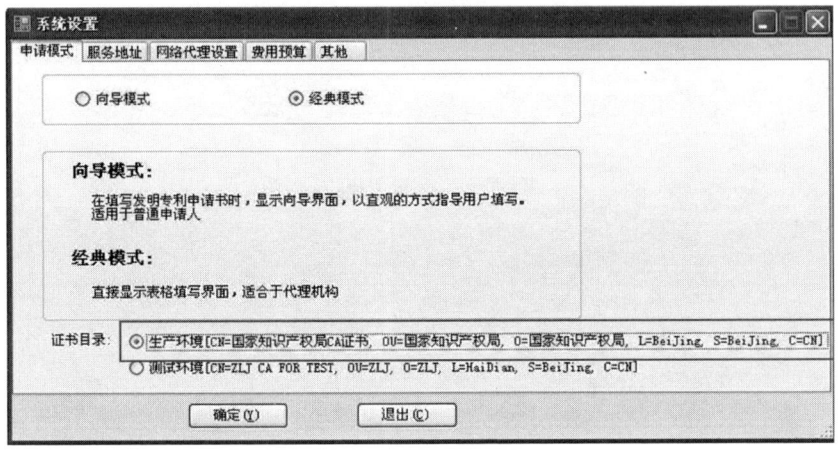

图1-2-65 CPC客户端配置1

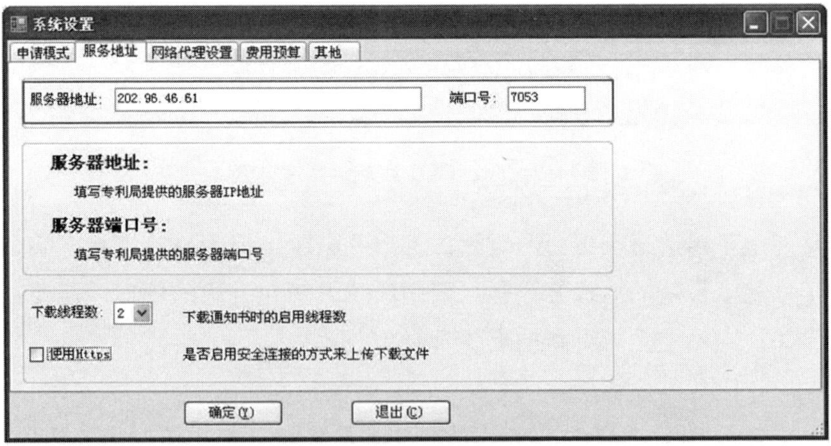

图1-2-66 CPC客户端配置2

· 38 ·

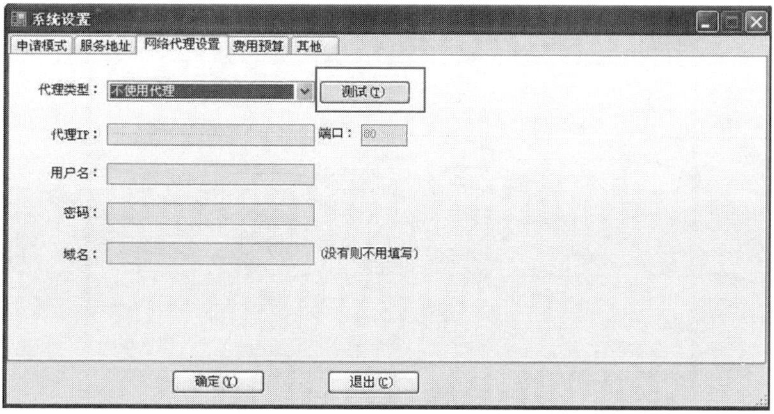

图1-2-67　CPC客户端配置3

另外，数字证书在CPC客户端中有一个特殊功能，就是证书记忆功能。具体操作是打开CPC客户端，点"数字证书管理"中的"证书管理"，在弹出的"证书查看器"中勾选需要记忆的证书，下次用户在提交新申请案件或者中间文件的时候，系统会默认使用该证书，如图1-2-68、图1-2-69和图1-2-70所示。

图1-2-68　CPC客户端配置4

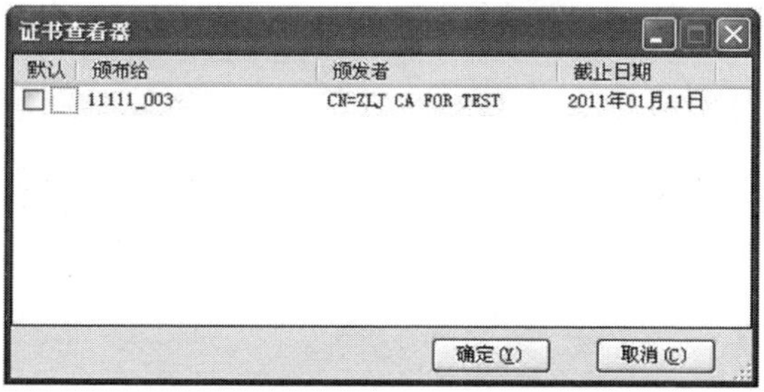

图1-2-69　CPC客户端配置5

● 社会公众办理专利事务操作指南

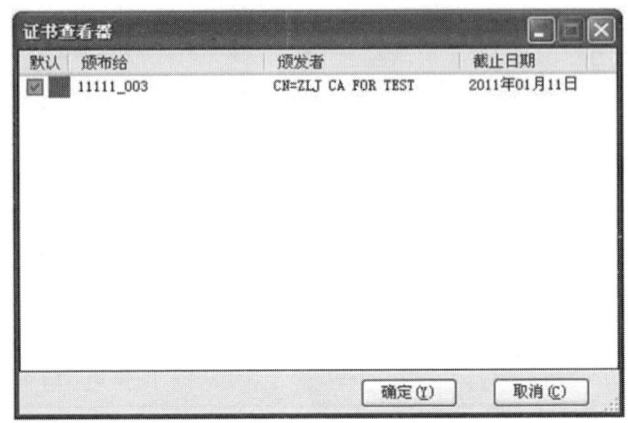

图1-2-70 CPC客户端配置6

(三) CPC客户端操作方法

1. 编辑新申请案件

第一步：打开电子申请客户端，编辑新申请案件。具体操作是：点申请专利中的发明、新型、外观或者PCT申请中的PCT发明和PCT新型之一，进入案件编辑界面编辑，然后保存完成编辑工作，如图1-2-71、图1-2-72和图1-2-73所示。

申请文件的编辑方法，请查询《用户手册》。

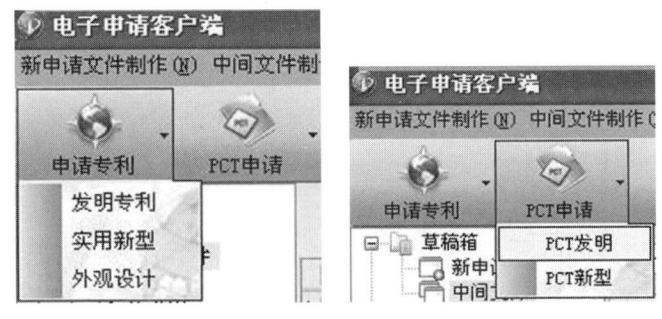

图1-2-71 CPC客户端新申请操作1

第一章 专利申请操作指南

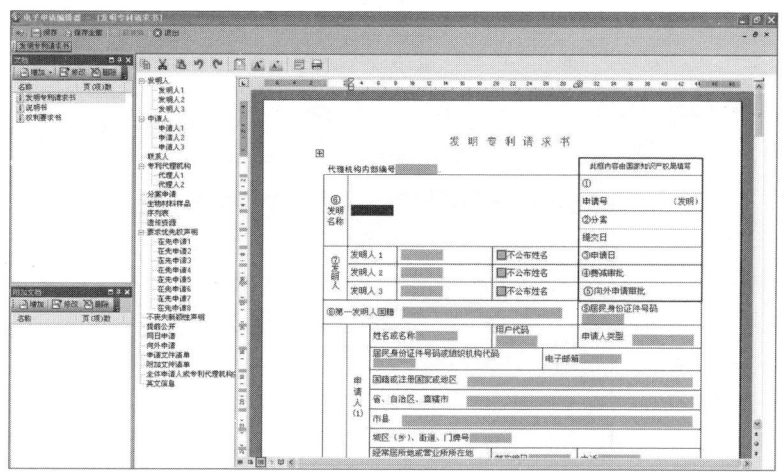

图1-2-72 CPC客户端新申请操作2

图1-2-73 CPC客户端新申请操作3

第二步：保存提交案件。具体操作：在界面中勾选提交案件，点界面上方的"签名"按钮，在弹出的界面中选中和案件匹配的数字证书，点"签名"按钮，如图1-2-74所示。注意案件提交的时候，案件中使用的数字证书一定要和提交时验签的证书一致，具

· 41 ·

● 社会公众办理专利事务操作指南

体操作步骤详见电子申请客户端操作手册。

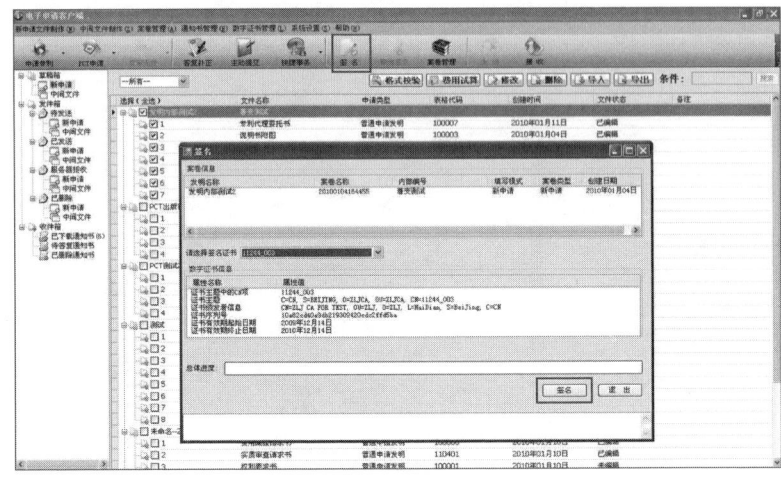

图1-2-74 CPC客户端新申请操作4

第三步：上传案卷。如果是新申请案件，签名通过后，案件从草稿箱中的新申请转移到发件箱中的新申请。先勾选发件箱的新申请案件，点界面上方的"发送"按钮，在弹出的界面中点"开始上传"按钮，如图1-2-75所示。

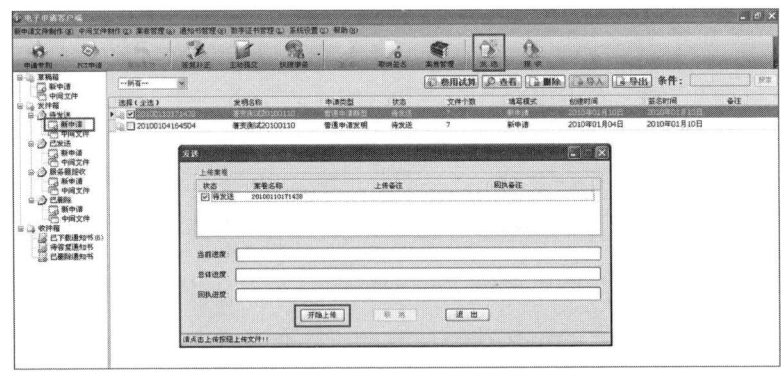

图1-2-75 CPC客户端新申请操作5

第一章 专利申请操作指南

第四步:接收电子申请回执。新申请案件提交成功后,很快会自动收到电子申请回执,如果没有收到,请点界面上方的"接收"按钮下载,如图1-2-76和图1-2-77所示。

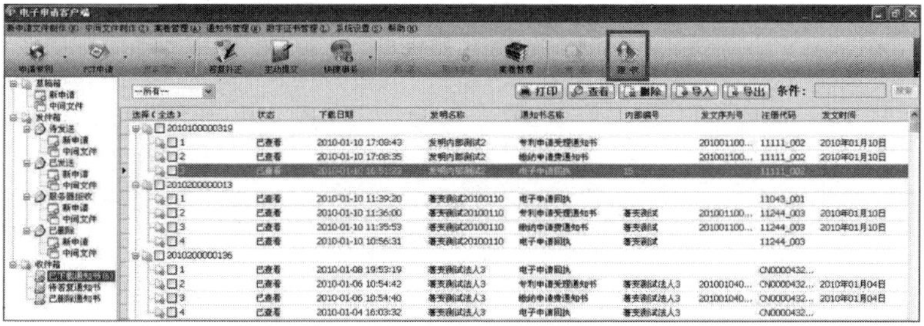

图1-2-76 CPC客户端新申请操作6

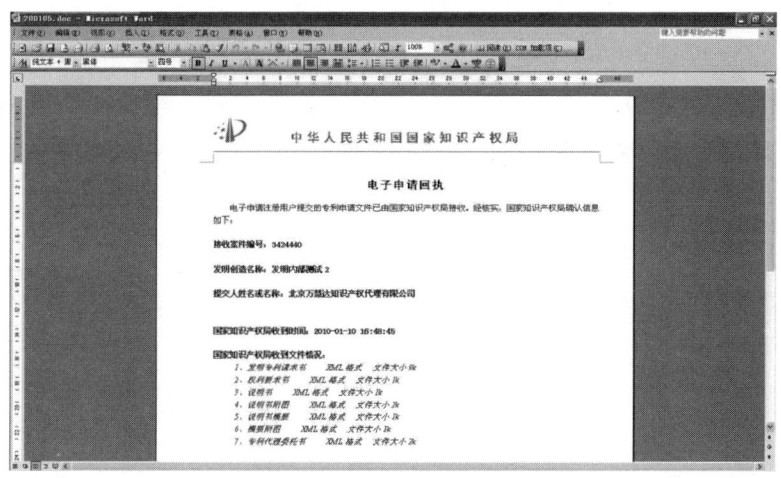

图1-2-77 CPC客户端新申请操作7

第五步:接收通知书。电子申请回执接收完成后,案件需要进行相关业务的处理,当处理完成后,可以收到专利申请受理通知书和缴纳申请费通知书。具体操作是,进入到收件箱中已下载通知书界面,点界面上方的"接收"按钮后,在弹出的界面中选中需要下

● 社会公众办理专利事务操作指南

载的通知书,出现如图1-2-78和图1-2-79所示。

图1-2-78 CPC客户端新申请操作8

图1-2-79 CPC客户端新申请操作9

2. 制作中间文件

新申请案件收到通知书以后,可以制作该案件的中间文件,包括答复补正制作和主动提交制作两种类型。

1）答复补正具体操作

点击"中间文件制作"下的"答复补正",如图1-2-80所示。

图1-2-80　CPC客户端中间文件制作1

或直接点击"答复补正",如图1-2-81所示。

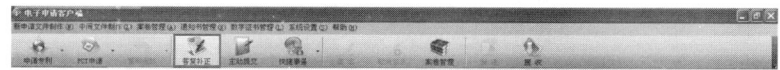

图1-2-81　CPC客户端中间文件制作2

点击"普通申请"或"PCT申请",输入申请号后点击"答复",选择"补正书",如图1-2-82所示。

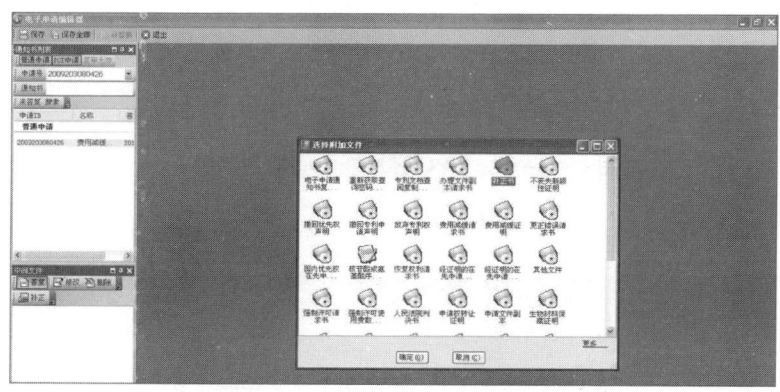

图1-2-82　CPC客户端中间文件制作3

进行补正内容撰写,如图1-2-83所示。

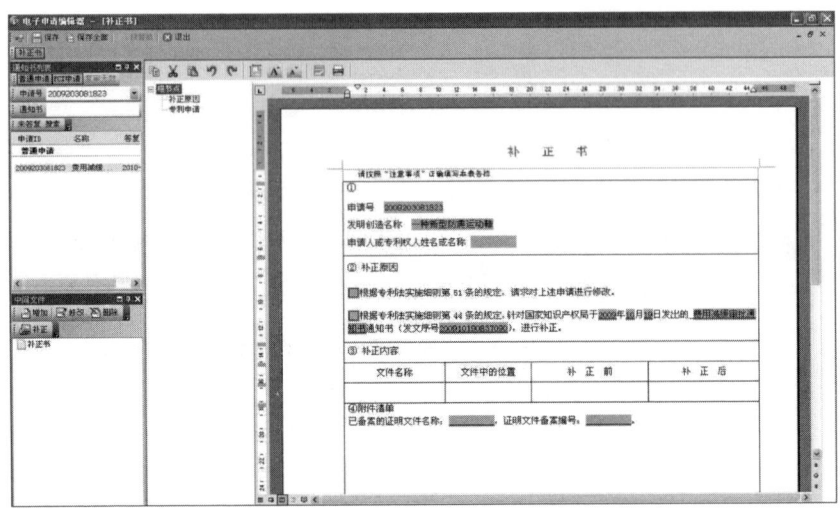

图1-2-83　CPC客户端中间文件制作4

2）主动提交具体操作

点击"中间文件制作"下的"主动提交",如图1-2-84所示。

图1-2-84　CPC客户端中间文件制作5

或直接点击"主动提交",如图1-2-85所示。

图1-2-85　CPC客户端中间文件制作6

选择主动提交的具体文件,如图1-2-86所示。

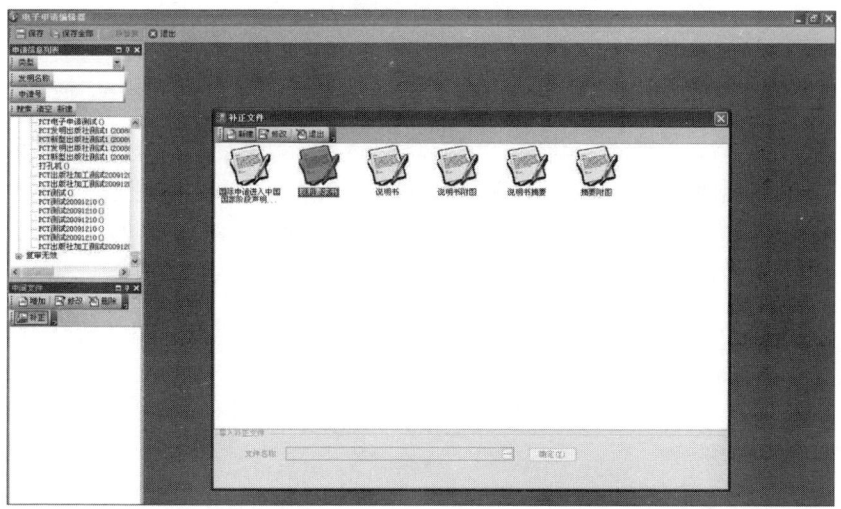

图 1-2-86　CPC 客户端中间文件制作 7

编辑文件内容，如图 1-2-87 所示。

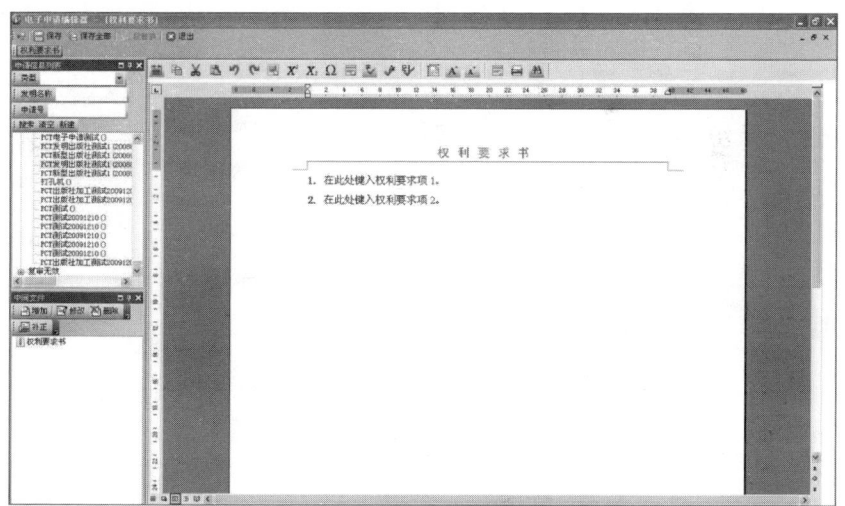

图 1-2-87　CPC 客户端中间文件制作 8

中间文件编辑制作完成后,回到电子申请客户端主界面,进入草稿箱中的中间文件,勾选刚才编辑的中间文件,然后点界面上方的"签名"按钮,在弹出的签名框中选择和中间文件匹配的数字证书,然后点"签名"按钮。中间文件从草稿箱进入到发件箱,勾选该中间文件,点界面上方的"发送"按钮,在弹出的发送框中点"开始上传"按钮,文件上传完毕,同时会收到电子申请回执,显示在收件箱中的已下载通知书中,如果该中间文件涉及相关业务,在业务处理完成后会收到相关的通知书,通知书操作同上面新申请案件中的描述,如图1-2-88、图1-2-89、图1-2-90和图1-2-91所示。

图1-2-88 CPC客户端中间文件制作9

第一章 专利申请操作指南

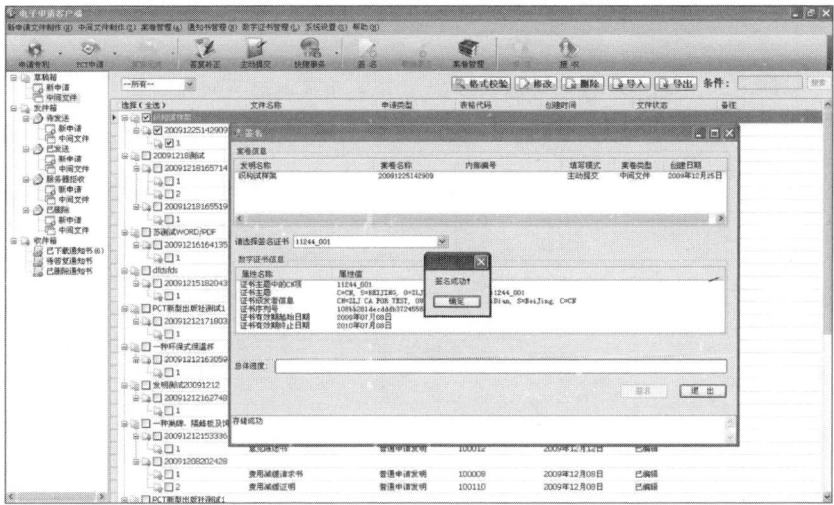

图1-2-89 CPC客户端中间文件制作10

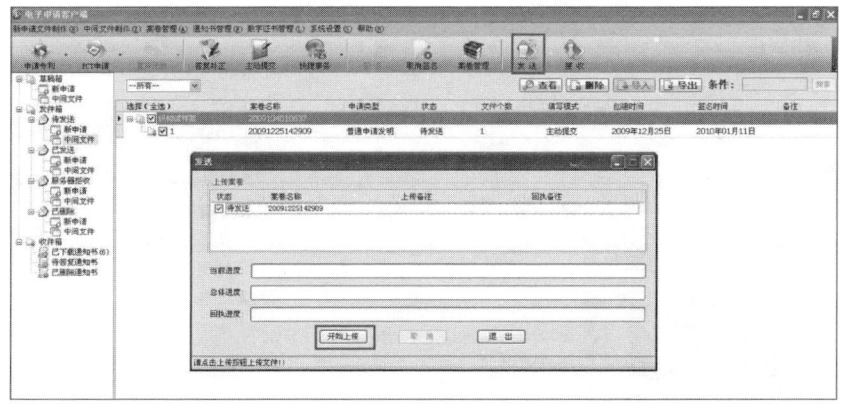

图1-2-90 CPC客户端中间文件制作12

· 49 ·

● 社会公众办理专利事务操作指南

图 1-2-91　CPC 客户端中间文件制作 13

3. 纸件通知书申请

第一步：打开中国专利电子申请网，点击"登录对外服务"，如图 1-2-92 所示。

图 1-2-92　CPC 客户端纸件通知书申请 1

第二步：点击"业务办理"，然后选"纸件通知书申请"，通过时间段、申请号、通知书序列号、发文日等信息进行查询（标记＊号的为必填项），在通知书列表中选择需要请求纸件的通知书，点击"发送纸件通知书请求"，如图1-2-93所示。

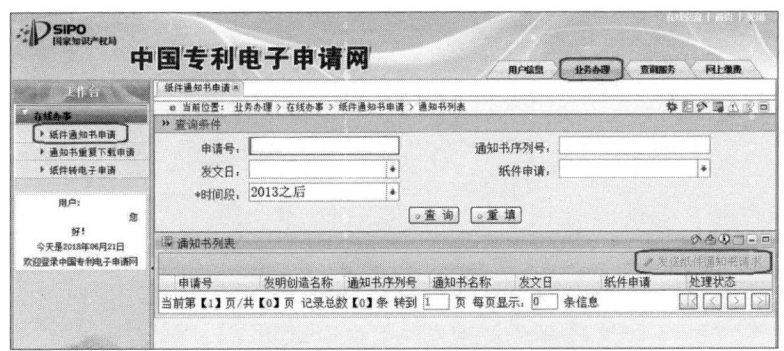

图1-2-93　CPC客户端纸件通知书申请2

第三步：申请人如需在各地代办处自取纸件通知书，提出请求后，应立刻联系代办处，并携带《通知书自取登记表》、申请人委托函或委托书、取件人的身份证复印件至代办处自取。如申请人无须自取，则由国家知识产权局专利局寄送通知书至申请人。

第二章 专利事务服务业务办理指南

第一节 专利登记簿副本业务

一、办理流程（如图 2-1-1 所示）

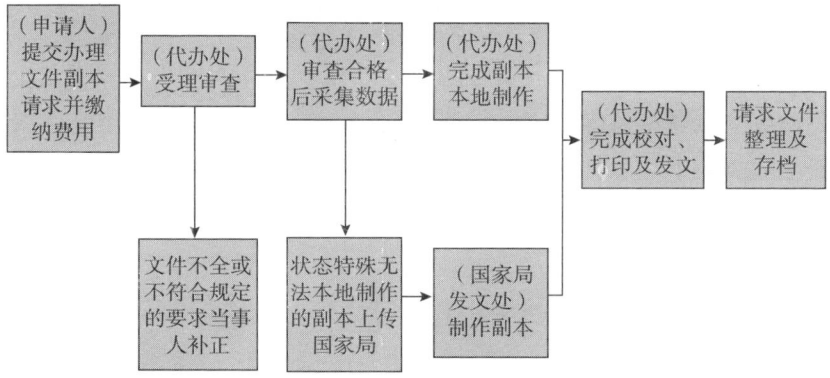

图 2-1-1 登记簿副本办理流程

二、需提交的文件

办理文件副本请求书一份。①

三、费用（专利文件副本证明费）

办理 1 份登记簿副本收取 30 元，办理 2 份收取 60 元，以此类推；只有请求文件合格才会启动用费程序。

四、不予办理专利登记簿副本的情形

请求办理的专利尚未获得专利权的。

五、办结时限

请求数据和费用数据进入业务系统并匹配成功后，文件副本出具时间需要 10 个工作日，该出具时间以请求与费用在系统"匹配成功"起算。

---

① 此项业务支持在专利事务服务系统上提出请求，无须提交纸件请求书，具体参照本章第九节操作指南（流程）。

第二节 在先申请文件副本业务

一、办理流程（如图 2-2-1 所示）

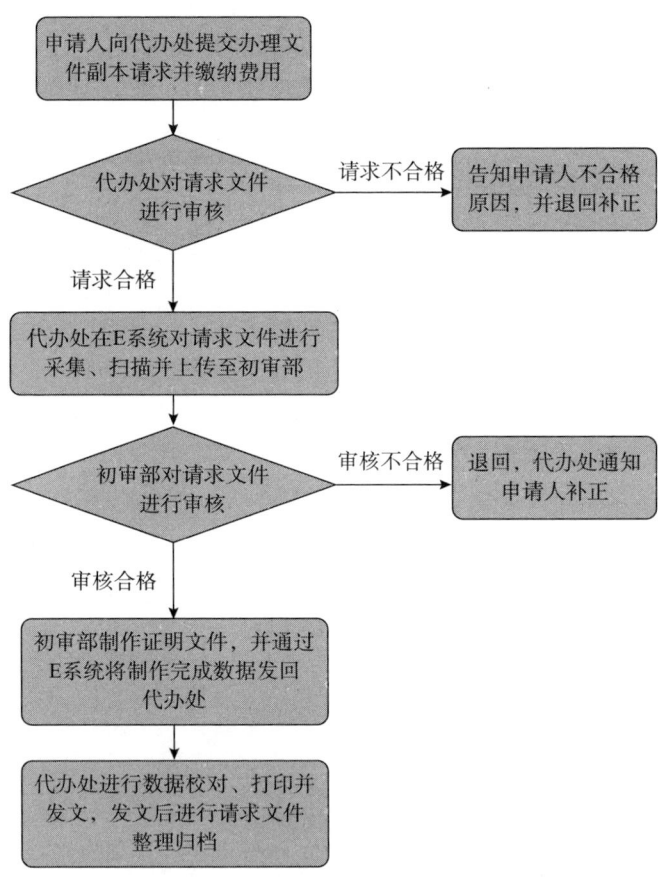

图 2-2-1 在先申请文件副本办理流程

二、需提交的文件

1. 办理文件副本请求书一份;[①]
2. 请求人身份证明;
3. 委托书;
4. 被委托人身份证明。

三、费用（专利文件副本证明费）

1个申请号办理1份在先申请文件副本收取30元，办理2份收取60元，以此类推；只有请求文件合格才会启动用费程序。

四、办结时限

请求数据和费用数据进入业务系统并匹配成功后，文件副本出具时间需要10个工作日，该出具时间以请求与费用在系统"匹配成功"起算。

[①] 此项业务支持在专利事务服务系统上提出请求，无须提交纸件请求书，具体参照本章第九节操作指南（流程）。

第三节 批量专利申请（专利）法律状态证明业务

一、办理流程（如图2-3-1所示）

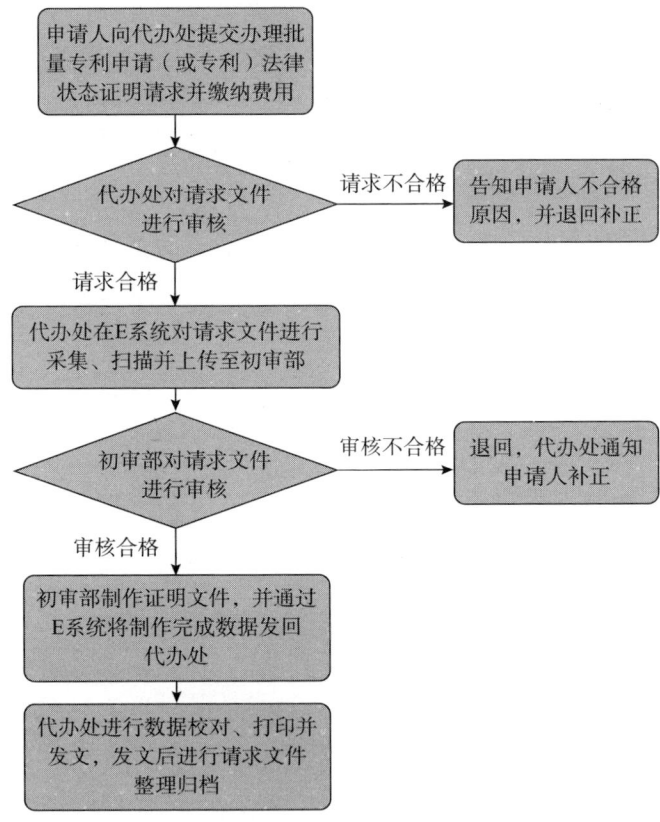

图2-3-1 批量专利申请（专利）法律状态证明办理流程

二、需提交的文件

1. 批量专利申请或专利法律状态证明业务单一份；

2. 经签字或盖章的《办理证明文件请求书》一份（将列表第一个专利号填至上述专利号空格，并注明专利具体数量）；

3. 专利号纸件清单和电子清单各一份，其中纸件清单仅含专利号即可；

4. 申请人身份证明材料：

（1）申请人为个人的，需身份证复印件；

（2）申请人为单位的，需加盖公章的企业营业执照或组织机构代码证复印件；

（3）委托关系证明材料包含：委托双方签字盖章的介绍信或委托书原件、被委托人的身份证明。

三、费用（专利文件副本证明费）

办理 1 份批量专利法律状态证明（含 N 个申请号或者专利号）收取 30 元，办理 2 份收取 60 元，以此类推；只有请求文件合格才会启动用费程序。

四、办结时限

请求数据和费用数据进入业务系统并匹配成功后，证明文件的出具时间需要 10 个工作日，该出具时间以请求与费用在系统"匹配成功"起算。

第四节　文档查阅复制业务

一、办理流程（如图2-4-1所示）

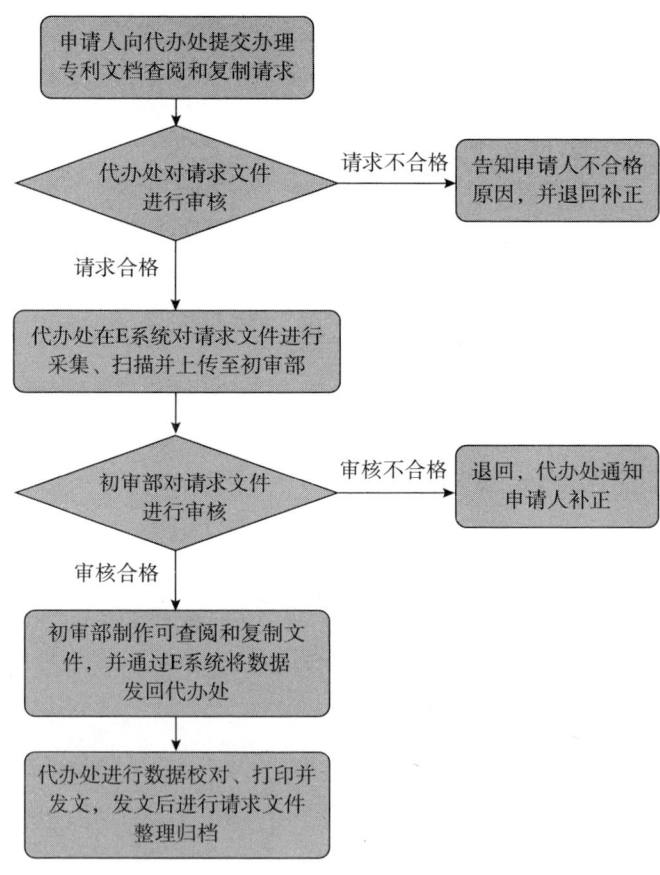

图2-4-1　文档查阅复制办理流程

二、需提交的文件

1. 《专利文档查阅复制请求书》一份;[①]
2. 申请人身份证明文件:

(1) 申请人为个人的,需身份证复印件一份;

(2) 申请人为单位的,需加盖公章的企业营业执照或组织机构代码证复印件一份;

(3) 如有委托关系,提供委托关系证明文件(包括:委托双方签字盖章的介绍信或委托书原件、被委托人的身份证明)。

三、费用(专利文件副本证明费)

以证明方式出具的专利文档查阅复制件收取费用,以普通方式(复印件形式)出具的专利文档查阅复制件不收取费用,通过专利事务服务系统提供的电子查阅不收取费用;以证明方式出具的:1个申请号办理1份收取30元,办理2份收取60元,以此类推;只有请求文件合格才会启动用费程序。

四、办结时限

以证明方式出具的,请求数据和费用数据进入业务系统并匹配成功后,证明文件的出具时间需要10个工作日,该出具时间以请求与费用在系统"匹配成功"起算。

以普通方式出具的,自请求数据进入业务系统后需要10个工作日。

[①] 此项业务支持在专利事务服务系统上提出请求,无须提交纸件请求书,具体参照本章第九节操作指南(流程)。

第五节　专利申请优先审查业务

一、办理流程（如图 2-5-1 所示）

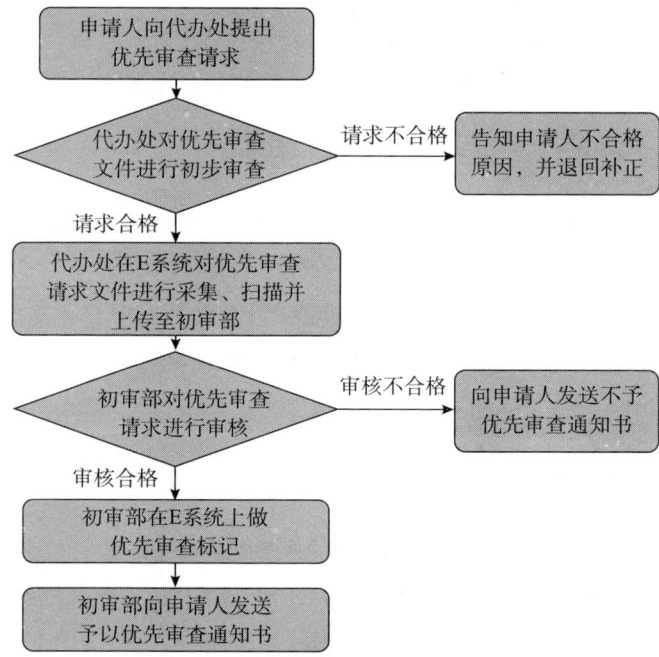

图 2-5-1　专利申请优先审查办理流程

二、需提交的文件

1. 《专利申请优先审查请求书》一份；
2. 现有技术或者现有设计信息材料；
3. 相关证明材料。

三、不予受理的情形

1. 专利申请是纸件申请的；
2. 发明专利申请未进入实质审查程序状态的；
3. 实用新型和外观设计申请未缴纳申请费的；
4. 其他不予受理条件的情形。

第六节　专利实施许可合同备案业务

一、办理流程（如图2－6－1所示）

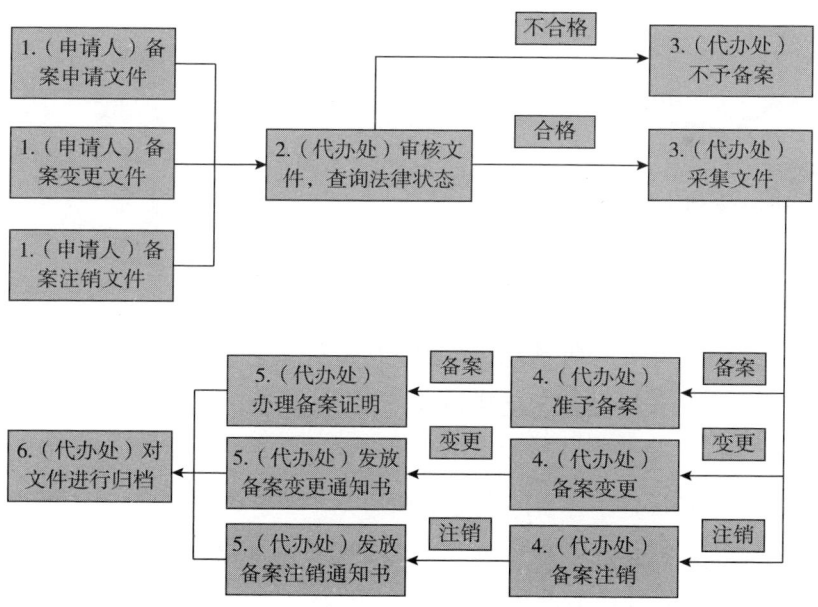

图2－6－1　专利实施许可合同备案办理流程

二、需提交的文件

提交文件一式一份：

1. 专利实施许可合同备案申请表；

2. 专利实施许可合同；

3. 双方当事人的身份证明；

4. 双方当事人委托书；

5. 被委托人的身份证明复印件；

6. 合同超过 3 个月未备案的须提交双方盖章的合同继续有效声明；

7. 其他需要提供的材料。

三、不予备案的情形

1. 专利权已经终止或者被宣告无效的；

2. 许可人不是专利登记簿记载的专利权人或者有权授予许可的其他权利人的；

3. 专利实施许可合同不符合《专利实施许可合同备案办法》第 9 条规定的；

4. 实施许可的期限超过专利权有效期的；

5. 共有专利权人违反法律规定或者约定订立专利实施许可合同的；

6. 专利权处于年费缴纳滞纳期的；

7. 因专利权的归属发生纠纷或者人民法院裁定对专利权采取保全措施，专利权的有关程序被中止的；

8. 同一专利实施许可合同重复申请备案的；

9. 专利权被质押的，但经质权人同意的除外；

10. 与已经备案的专利实施许可合同冲突的；

11. 其他不应当予以备案的情形。

四、专利许可合同备案变更及注销需提交的文件

提交文件一式一份：

1. 专利实施许可合同备案变更或注销申请表；

2. 变更协议或注销协议；

3. 双方当事人委托书；

4. 被委托人的身份证明；

5. 专利实施许可合同备案证明原件；

6. 其他需要提供的材料。

五、办结时限

7 个工作日。提交文件存在缺陷的，自缺陷完全消除之日起算。

第七节 专利权质押登记业务

一、办理流程（如图 2-7-1 所示）

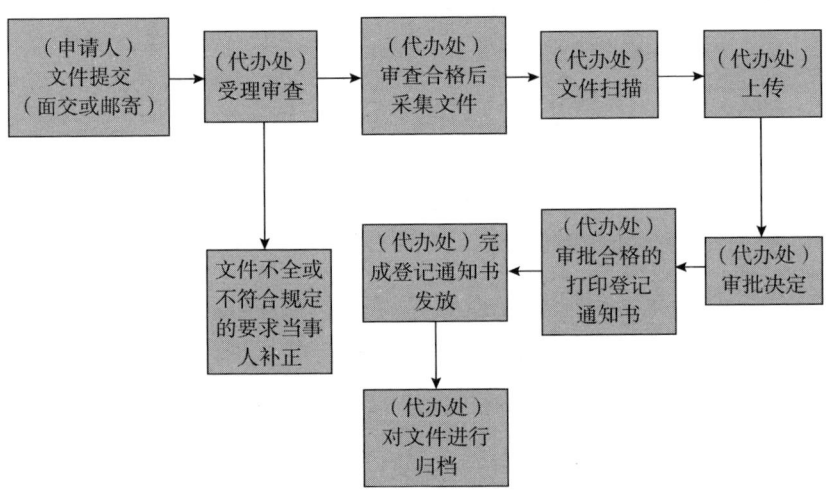

图 2-7-1 专利权质押登记办理流程

二、需提交的文件

提交文件一式一份：

1. 专利权质押登记申请表；
2. 专利权质押合同；
3. 双方当事人的身份证明；
4. 双方当事人委托书；

5. 被委托人的身份证明复印件；

6. 专利权质押登记申请表中注明有专利权评估报告的，应当提交专利权评估报告；

7. 其他需要提供的材料。

三、不予质押登记的情形

1. 出质人与专利权人不一致的；

2. 专利权已终止或已被宣告无效的；

3. 专利申请尚未被授予专利权的；

4. 专利权处于年费缴纳滞纳期的；

5. 专利权已被启动无效宣告程序的；

6. 因专利权的归属发生纠纷或者人民法院裁定对专利权采取保全措施，专利权的质押手续被暂停办理的；

7. 债务人履行债务的期限超过专利权期的；

8. 质押合同约定在债务履行届满未受清偿时，专利权归质权人所有的；

9. 质押合同不符合《专利权质押登记办法》第 9 条规定的；

10. 以共有专利权出质但未取得全体共有人同意的；

11. 专利权已被申请质押登记且处于质押期间的；

12. 其他应当不予登记的情形。

四、专利权质押变更及注销申请需提交的文件

提交文件一式一份：

1. 专利权质押变更或注销申请表；

2. 变更协议或质权消灭的证明材料；

3. 双方当事人委托书；

4. 被委托人的身份证明；

5. 专利权质押登记通知书；
6. 其他需要提供的材料。

五、办结时限

7 个工作日。提交文件存在缺陷的，自缺陷完全消除之日起算。

第八节 专利收费减缴备案业务

一、办理流程（如图 2-8-1 所示）

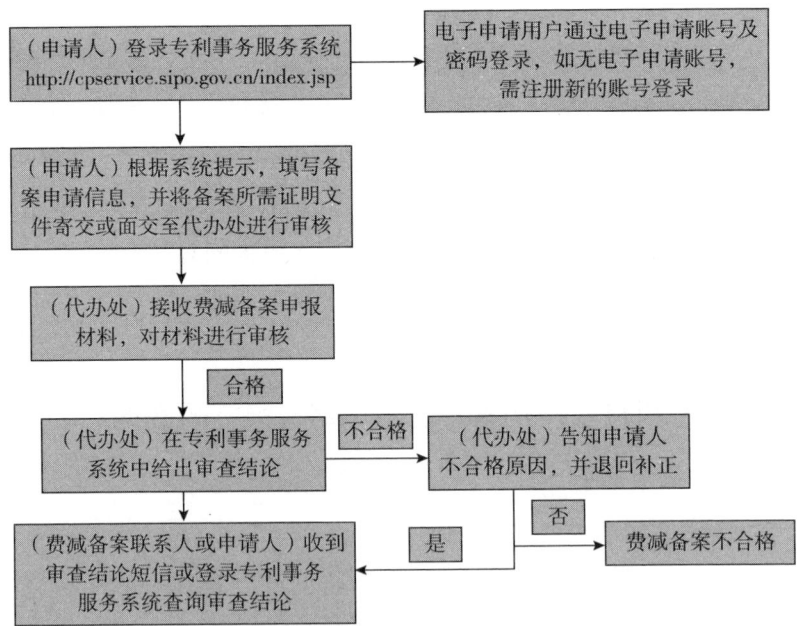

图 2-8-1 专利收费减缴备案办理流程

二、需提交的费减备案证明文件

1. 个人申请人，应提交身份证复印件及所在单位出具的上年度收入证明；无固定工作的，提交户籍所在地或者经常居住地县级民政部门或者乡镇人民政府（街道办事处）出具的关于其经济困难情况证明。收入证明或经济困难证明应为原件，不能是复印件或者扫描件，月均收入应低于3500元（年4.2万元）。

2. 企业申请人，应当提交企业营业执照或组织机构代码证复印件，以及上年度企业所得税年度纳税申报表复印件，在汇算清缴期，提交上上年度企业所得税年度纳税申报表复印件。上年度（或上上年度）企业应纳税所得额应低于30万元。

3. 事业单位、社会团体、非营利性机构申请人，应当提交法人证明材料复印件。

三、办结时限

南京代办处自收到纸制证明材料后，5个以上自然日完成审核工作。

第九节　专利事务服务系统介绍

一、系统介绍

专利事务服务系统，是为满足申请人、专利权利人、代理机构、社会公众对相关业务的需求，而建设的集请求采集、查询、管理功能于一体的网络服务系统。目前可通过该系统办理的业务范围

包括文件副本 & 证明文件业务、专利文档查阅复制业务、费减备案业务、优先权接入 DAS 业务。

（一）专利事务服务系统注册用户账号类型及用途（如图 2-9-1 所示）

1. 费减业务用户账号即原社会公众用户账号，可进行专利费用减缴业务手续的提交。

2. 专利事务业务用户账号即原纸件申请用户，可进行"文件副本 & 证明文件业务""专利文档查阅复制业务"和"费减备案业务"手续的提交。

3. 法院业务用户账号，可进行"司法查控业务"手续的提交。

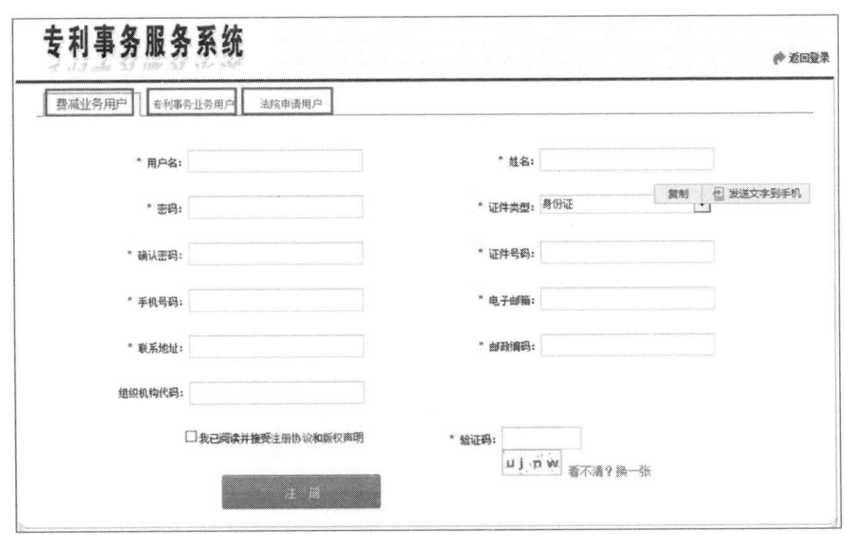

图 2-9-1　专利事务服务系统用户注册界面

（二）电子申请注册用户账号（如图 2-9-2 所示）

电子申请注册用户账号可进行"费减备案业务""文件副本 & 证明文件业务""专利文档查阅复制业务"和"费减备案业务"手

第二章 专利事务服务业务办理指南

续的提交。

图2-9-2 中国专利电子申请网主界面

二、业务办理操作指南

(一) 办理文件副本&证明文件

登录专利事务服务系统,网址为:http://cpservice.cnipa.gov.cn/index.jsp,输入"用户名、密码以及验证码",点击"登录"按钮,进入系统(如图2-9-3所示)。

图2-9-3 专利事务服务系统登录界面

· 69 ·

● 社会公众办理专利事务操作指南

选择"同意以上声明",右侧"继续"按钮变为蓝色,点击"继续",如图2-9-4所示。

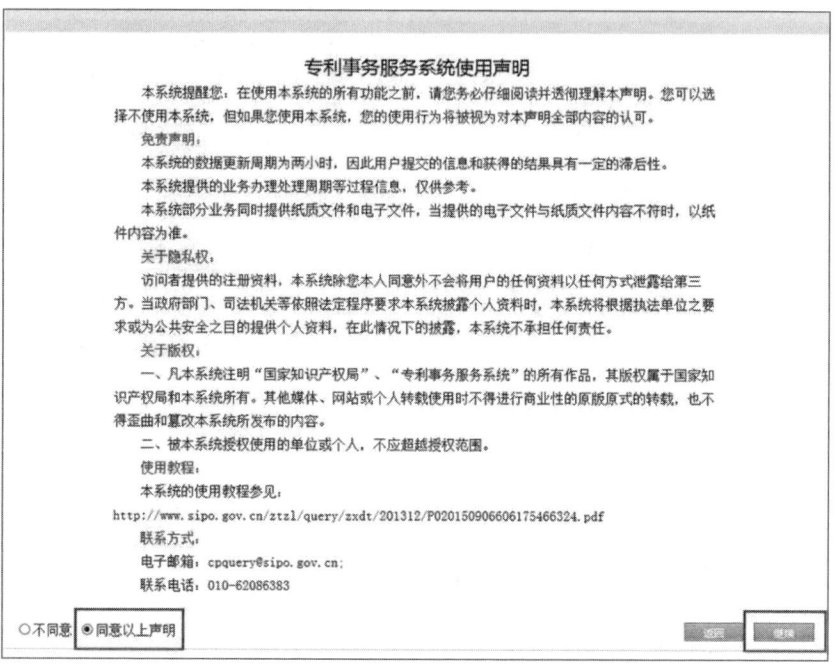

图2-9-4 专利事务服务系统使用声明界面

点击左上角"文件副本＆证明文件业务"中的"查看详情",如图2-9-5所示。

第二章　专利事务服务业务办理指南

图 2-9-5　专利事务服务系统业务界面

进入文件副本办理界面点击右上角"现在去办理",如图 2-9-6 所示。

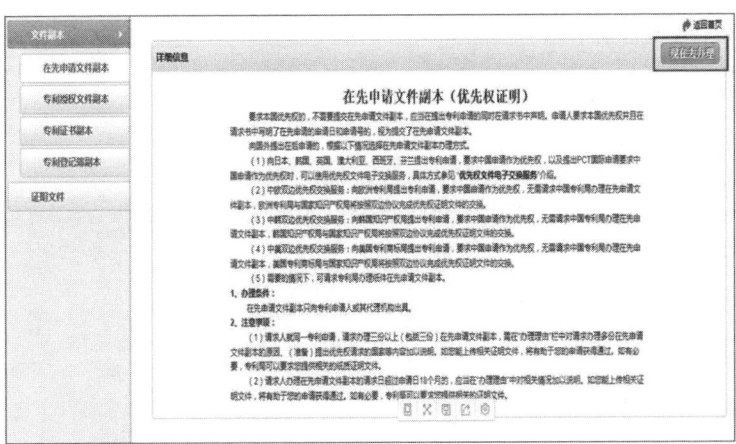

图 2-9-6　专利事务服务系统文件副本办理界面 1

· 71 ·

● 社会公众办理专利事务操作指南

文件副本包括：在先申请文件副本、专利授权文件副本、专利证书副本、专利登记簿副本四种，证明文件包括：专利证书证明、专利授权程序证明、批量专利申请法律状态证明、批量专利法律状态证明、电子优先权。申请人可根据需要进行选择，系统会相应出现业务介绍、业务办理条件及注意要点。

进入如图2-9-7所示界面。

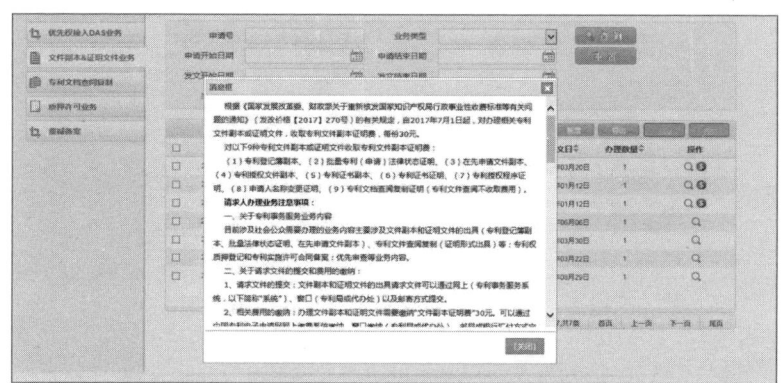

图2-9-7 专利事务服务系统文件副本办理界面2

阅读消息框后，点击"关闭"，进入如图2-9-8所示界面。

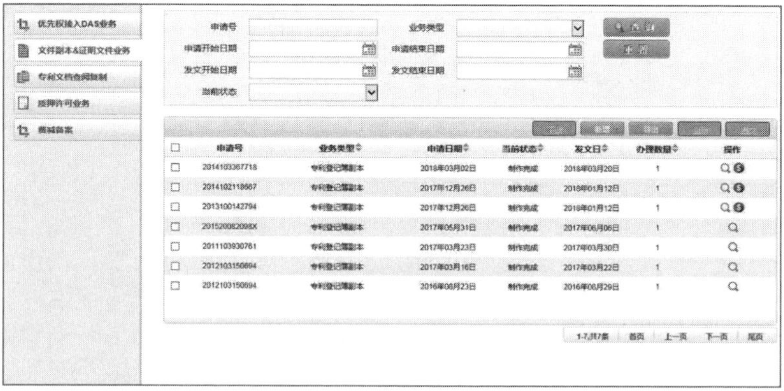

图2-9-8 专利事务服务系统文件副本办理界面3

点击"新增"按钮,系统会跳出业务办理对话框,如图2-9-9所示。

图2-9-9 专利事务服务系统文件副本办理界面4

在专利事务名称下拉列表中可选择需要办理的业务名称,如图2-9-10所示。

图2-9-10 专利事务服务系统文件副本办理界面5

以登记簿副本为例,专利事务名称选择"专利登记簿副本",请求办理日期系统自动生成,请求人名称依据登录的用户名确定且不能修改,其中带有红色*的项目为必填项目(送达方式,仅登记簿副本业务可选择自取,并选择相应的代办处,其他业务送达方式全部为邮寄)。当副本请求人名称与缴费人不一致时,需要填写"收据号"和"缴费人信息",如图 2-9-11 所示。

图 2-9-11　专利事务服务系统文件副本办理界面 6

填好全部信息点击"提交"按钮,如图 2-9-12 所示。

图 2-9-12　专利事务服务系统文件副本办理界面 7

该专利号登记簿副本请求成功,即在本账号名下存有该案件的信息,并且状态实时变动,申请人可随时观察案件状态,待系统显示"制作完成",即可到相应代办处或者国家局自取,送达方式选择"邮寄"的,国家局会按照收件人的姓名、地址邮寄给申请人,如图 2-9-13 所示。

申请号	业务类型	申请日期	当前状态	发文日	办理数量	操作
2014103367718	专利登记簿副本	2018年03月02日	制作完成	2018年03月20日	1	Q S
2014102118667	专利登记簿副本	2017年12月26日	制作完成	2018年01月12日	1	Q S
2013100142794	专利登记簿副本	2017年12月26日	制作完成	2018年01月12日	1	Q S
201520082098X	专利登记簿副本	2017年05月31日	制作完成	2017年06月06日	1	Q
2011103930761	专利登记簿副本	2017年03月23日	制作完成	2017年03月30日	1	Q
2012103150694	专利登记簿副本	2017年03月16日	制作完成	2017年03月22日	1	Q
2012103150694	专利登记簿副本	2016年08月23日	制作完成	2016年08月29日	1	Q

图 2-9-13 专利事务服务系统文件副本办理界面 8

(二) 办理专利文档查阅复制业务

登录专利事务服务系统,网址为:http://cpservice.cnipa.gov.cn/index.jsp,输入"用户名、密码以及验证码",点击"登录"按钮,进入系统,如图 2-9-14 所示。

图 2-9-14 专利事务服务系统登录界面

选择"同意以上声明",右侧"继续"按钮变为蓝色,点击"继续",如图 2-9-15 所示。

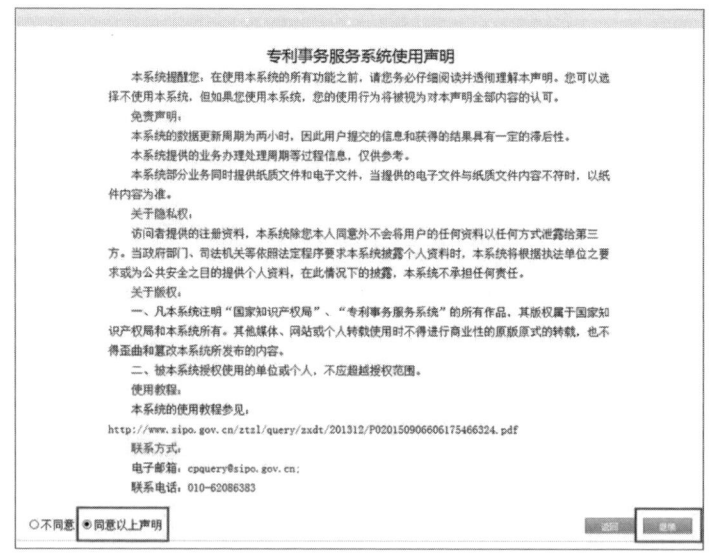

图 2-9-15 专利事务服务系统使用声明界面

第二章 专利事务服务业务办理指南

点击左侧"专利文档查阅复制业务"中的"查看详情",如图 2-9-16 所示。

图 2-9-16 专利事务服务系统业务界面

点击右上角"现在去办理",如图 2-9-17 所示。

● 社会公众办理专利事务操作指南

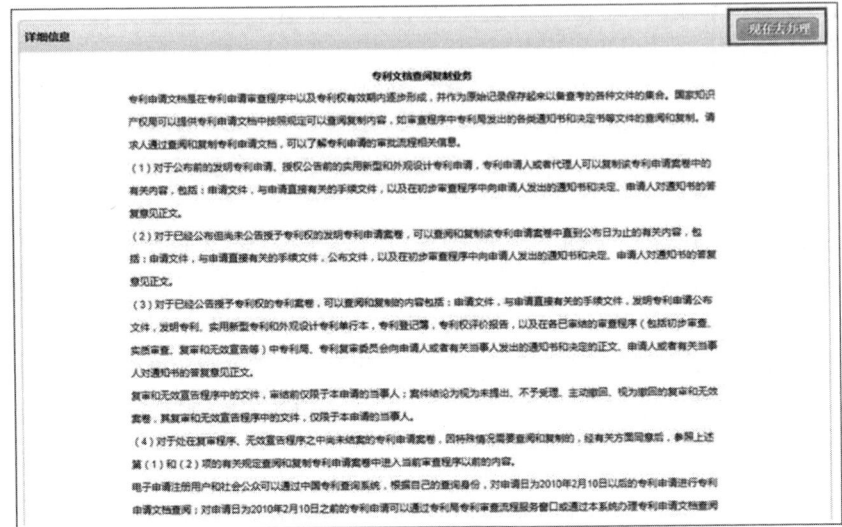

图 2-9-17　专利事务服务系统专利文档查阅复制办理界面 1

阅读消息框后，点击"关闭"，如图 2-9-18 所示。

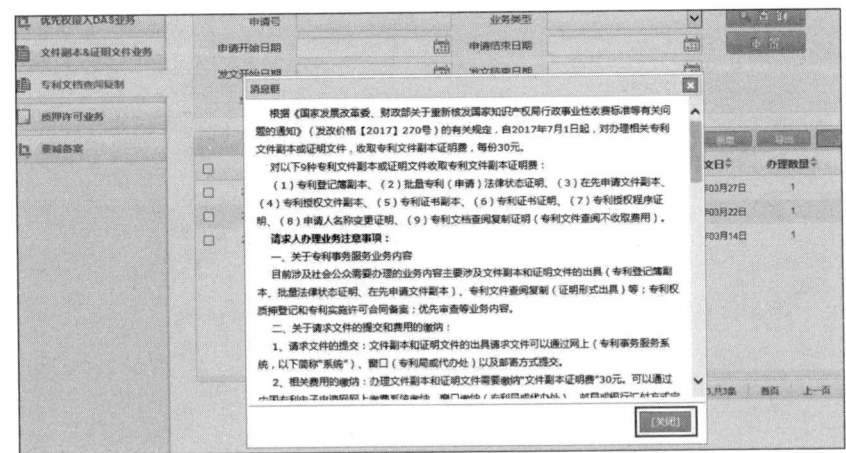

图 2-9-18　专利事务服务系统专利文档查阅复制办理界面 2

点击"新增"按钮，如图 2-9-19 所示。

第二章 专利事务服务业务办理指南

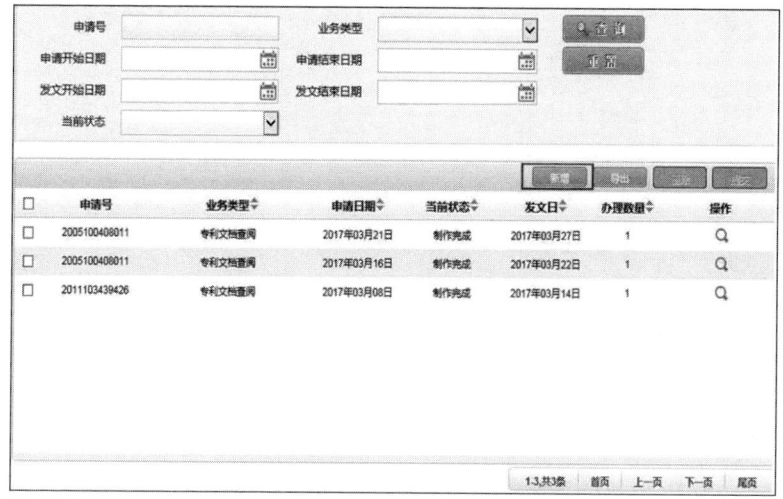

图2-9-19 专利事务服务系统专利文档查阅复制办理界面3

阅读消息框后,点击"关闭",如图2-9-20所示。

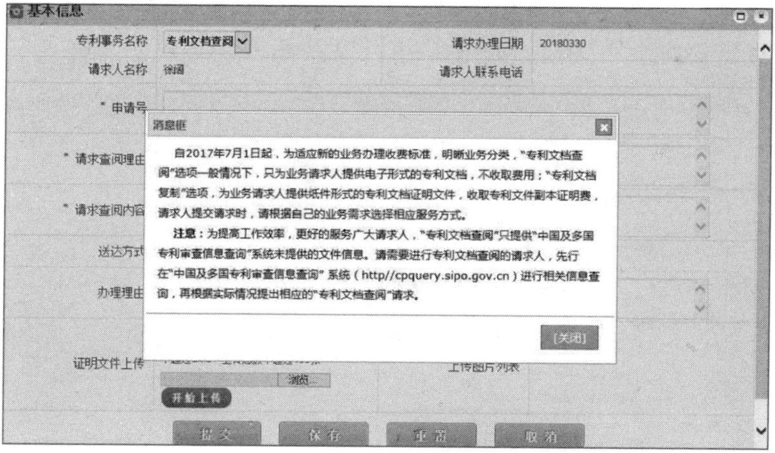

图2-9-20 专利事务服务系统专利文档查阅复制办理界面4

申请人可在专利事务名称中,选择"专利文档查阅"还是"专利文档复制",如图2-9-21所示。

·79·

● 社会公众办理专利事务操作指南

图2-9-21 专利事务服务系统专利文档查阅复制办理界面5

以"专利文档查阅"为例,专利事务名称选择"专利文档查阅",请求办理日期系统自动生成,请求人名称依据登录的用户名确定且不能修改,其中带有红色*的项目为必填项目,填好全部信息点击"提交"按钮,如图2-9-22所示。

图2-9-22 专利事务服务系统专利文档查阅复制办理界面6

第二章 专利事务服务业务办理指南

该专利文档查阅请求成功，即在本账号名下存有该案件的信息，并且状态实时变动，申请人可随时观察案件状态，待系统显示"制作完成"，即可查看该专利相应的文件电子件，如图2-9-23所示。

图2-9-23 专利事务服务系统专利文档查阅复制办理界面7

（三）办理费减备案业务

登录专利事务服务系统，网址为：http：//cpservice.cnipa.gov.cn/index.jsp，输入"用户名、密码以及验证码"，点击"登录"按钮，进入系统，如图2-9-24所示。

图2-9-24 专利事务服务系统登录界面

· 81 ·

● 社会公众办理专利事务操作指南

选择"同意以上声明",右侧"继续"按钮变为蓝色,点击"继续",如图2-9-25所示。

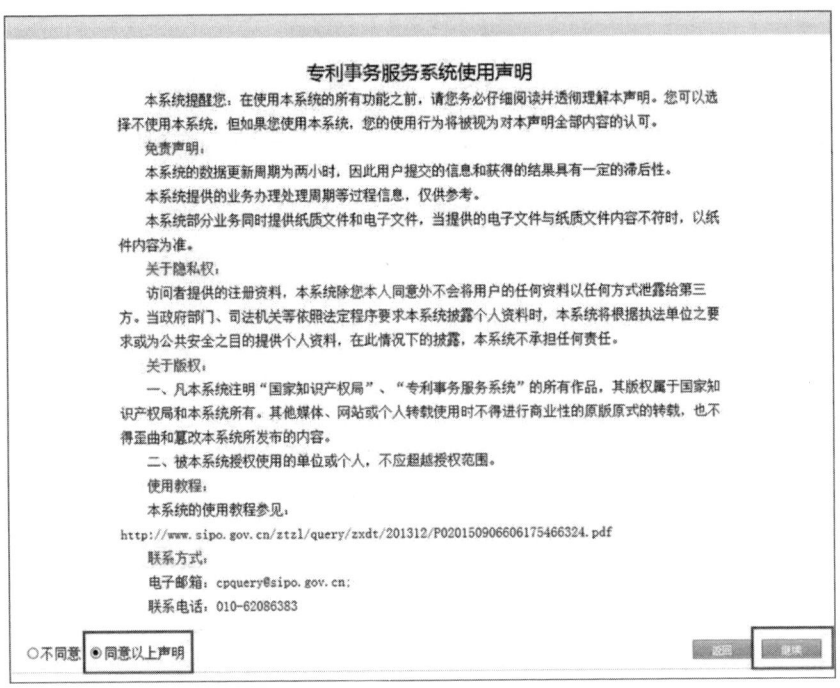

图2-9-25　专利事务服务系统使用声明界面

点击左下角"费减备案业务"中的"查看详情",如图2-9-26所示。

第二章 专利事务服务业务办理指南

图 2-9-26　专利事务服务系统业务界面

点击右上角"现在去办理",如图 2-9-27 所示。

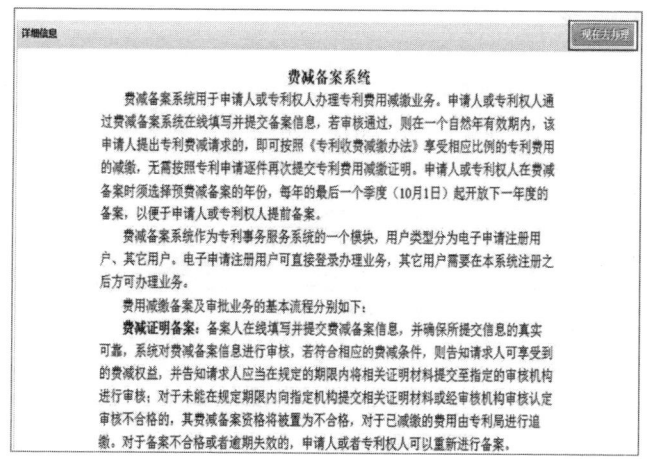

图 2-9-27　专利事务服务系统费减备案办理界面 1

点击"业务办理",如图 2-9-28 所示。

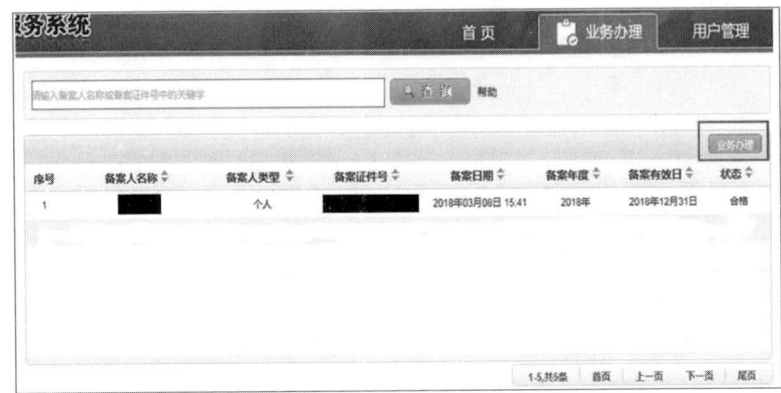

图 2-9-28　专利事务服务系统费减备案办理界面 2

系统出现关于费减备案的"声明",点击"同意",右侧"提交"按钮变蓝色,点击"提交",如图 2-9-29 所示。

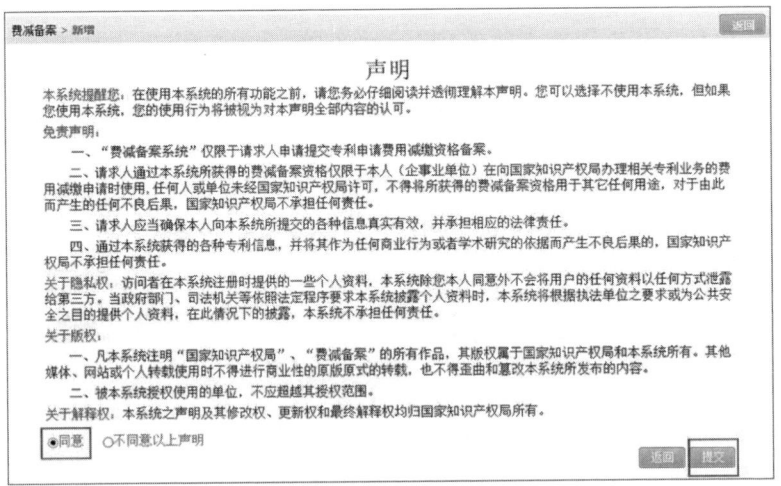

图 2-9-29　专利事务服务系统费减备案办理界面 3

进入费减备案界面,选择备案人类型,以个人为例,需要如实

第二章 专利事务服务业务办理指南

填写：备案人类型、预备案自然年度、国别或地区、姓名、证件类型、证件号、手机号、年收入及联系地址，填写完毕点击"预览"，如图 2-9-30 所示。

图 2-9-30　专利事务服务系统费减备案办理界面 4

选择审核机构，点击"确定"，如图 2-9-31 所示。

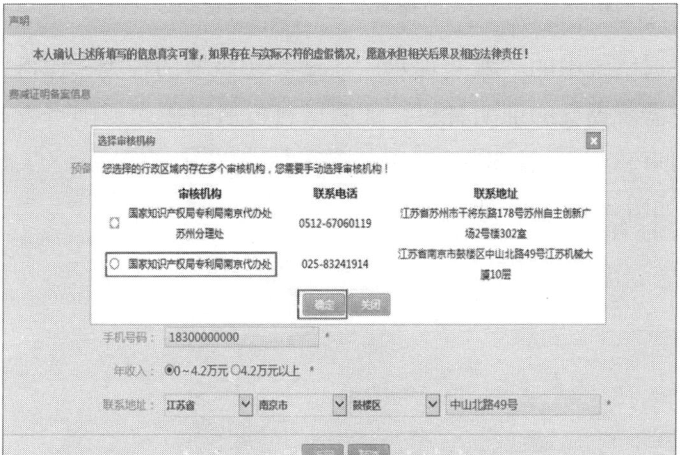

图 2-9-31　专利事务服务系统费减备案办理界面 5

· 85 ·

核实填写信息，如图 2-9-32 所示。

图 2-9-32　专利事务服务系统费减备案办理界面 6

根据系统中的"重要提示"了解费用减缴的种类、比例以及本次本案需要提交的证明材料，证明材料可通过面交或邮寄方式至审核机构审核（一般 30 日内）。核实信息准确无误后，点击"提交"，如图 2-9-33 所示。

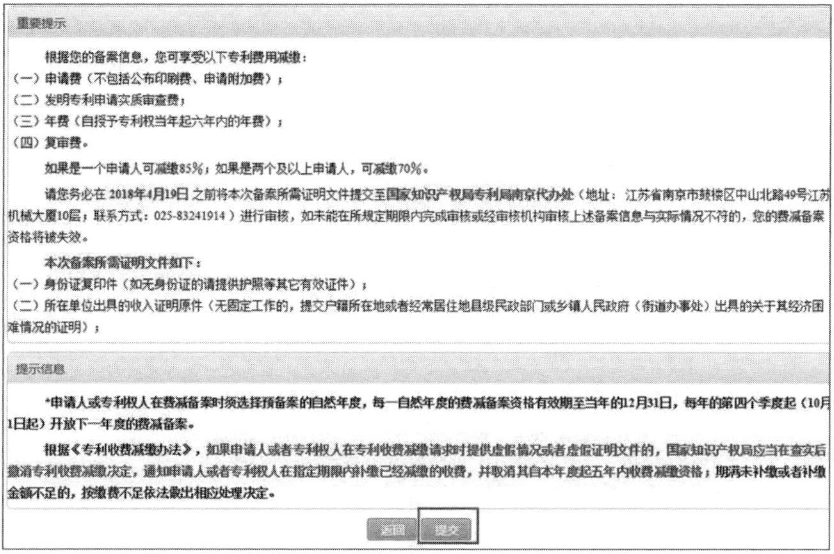
重要提示
根据您的备案信息，您可享受以下专利费用减缴：
（一）申请费（不包括公布印刷费、申请附加费）；
（二）发明专利申请实质审查费；
（三）年费（自授予专利权当年起六年内的年费）；
（四）复审费。
如果是一个申请人可减缴85%；如果是两个及以上申请人，可减缴70%。
请您务必在 2018年4月19日 之前将本次备案所需证明文件提交至国家知识产权局专利局南京代办处（地址：江苏省南京市鼓楼区中山北路49号江苏机械大厦10层；联系方式：025-83241914）进行审核，如未能在所规定期限内完成审核或经审核机构审核上述备案信息与实际情况不符的，您的费减备案资格将被失效。
本次备案所需证明文件如下：
（一）身份证复印件（如无身份证的请提供护照等其它有效证件）；
（二）所在单位出具的收入证明原件（无固定工作的，提交户籍所在地或者经常居住地县级民政部门或乡镇人民政府（街道办事处）出具的关于其经济困难情况的证明）；
提示信息
*申请人或专利权人在费减备案时须选择预备案的自然年度，每一自然年度的费减备案资格有效期至当年的12月31日，每年的第四个季度起（10月1日起）开放下一年度的费减备案。
根据《专利收费减缴办法》，如果申请人或者专利权人在专利收费减缴请求时提供虚假情况或者虚假证明文件的，国家知识产权局应当在查实后撤消专利收费减缴决定，通知申请人或者专利权人在指定期限内补缴已经减缴的收费，并取消其自本年度起五年内收费减缴资格；期满未补缴或者补缴金额不足的，按缴费不足依法做出相应处理决定。
返回
提交

图 2-9-33　专利事务服务系统费减备案办理界面 7

在跳出的消息框中选择"确定"，如图 2-9-34 所示。

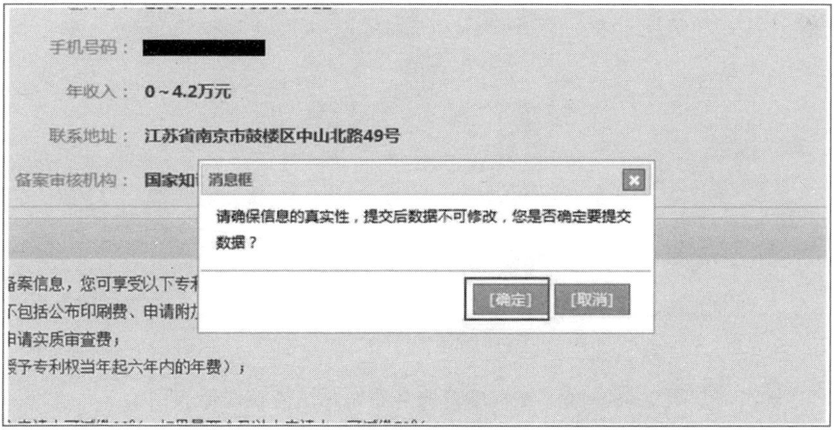
手机号码：[redacted]
年收入：0~4.2万元
联系地址：江苏省南京市鼓楼区中山北路49号
备案审核机构：国家知
消息框
请确保信息的真实性，提交后数据不可修改，您是否确定要提交数据？
[确定]
[取消]

图 2-9-34　专利事务服务系统费减备案办理界面 8

显示费减备案提交成功,如图2-9-35所示。

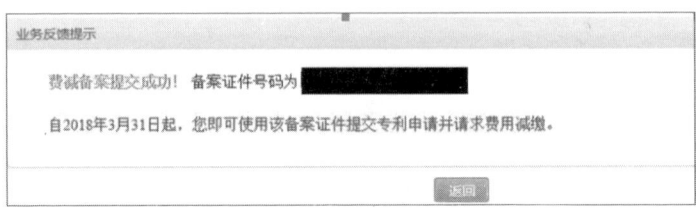

图2-9-35 专利事务服务系统费减备案办理界面9

系统备案次日,申请人即可使用该备案证件号码提交专利申请并请求费用减缴。

(四)司法查控业务办理专利保全(仅针对法院用户)

1. 法院用户注册

用户通过IE浏览器(6.0及以上版本),在浏览器的地址栏中输入相应网址,网址如下:http://cpservice.cnipa.gov.cn/court/index.jsp,进入登录界面,点击"注册"按钮,如图2-9-36所示。

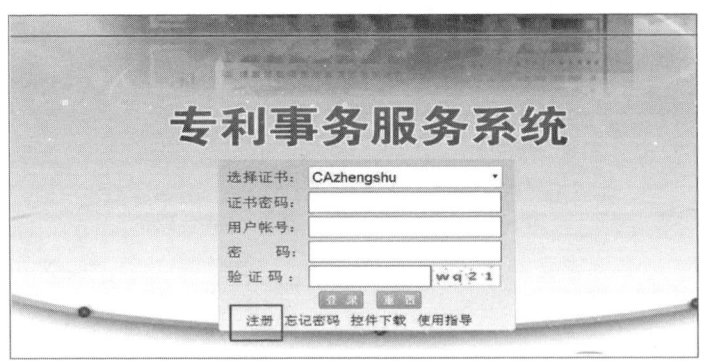

图2-9-36 专利事务服务系统司法查控注册界面1

进入司法查控注册界面,如图2-9-37所示。

图2-9-37 专利事务服务系统司法查控注册界面2

填写法院注册信息，将司法查控平台注册请求书、加盖公章的法院组织机构代码证复印件及联系人的身份证复印件扫描并在注册界面"证明文件上传"处上传，在阅读完"注册协议""版权声明"填写验证码后，点击"注册"按钮即注册成功。再将上传的证明文件（司法查控平台注册请求书、加盖公章的法院组织机构代码证复印件及联系人的身份证复印件）邮寄至北京市海淀区蓟门桥西土城路6号国家知识产权局专利局专利事务服务处。

国家知识产权局专利局将审批结果及数字证书通过邮件发送给

法院联系人。

2. 注册成功后的准备工作

联系人收到审批结果及数字证书后，需要操作以下几个方面：将网址 http：//cpservice.cnipa.gov.cn 加入信任站点；点击"自定义级别"按钮，将"对未标记为可安全执行脚本的 ActiveX 控件初始化并执行脚本"启用；下载证书控件，将国家知识产权局专利局颁发的数字证书安装并将证书复制到"C：\Program Files（x86）\kairende\CA 证书控件"目录下，证书安装完成。

3. 具体业务办理

用户通过 IE 浏览器（6.0 及以上版本），在浏览器的地址栏中输入相应网址，网址如下：http：//cpservice.cnipa.gov.cn/court/index.jsp，进入登录界面，如图 2-9-38 所示。

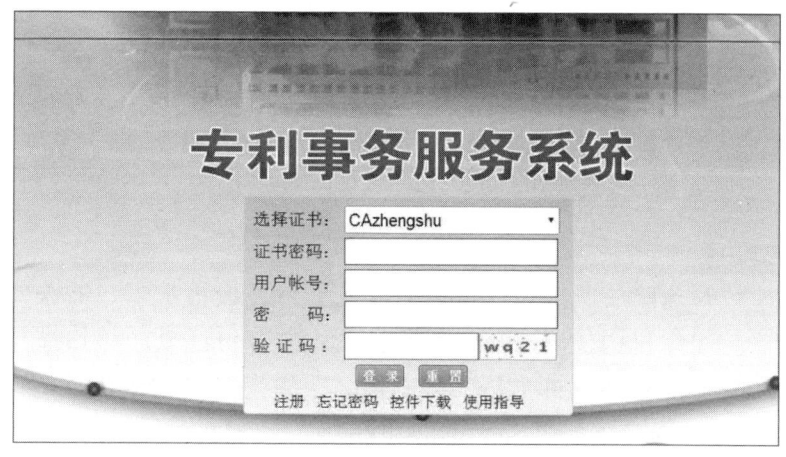

图 2-9-38　专利事务服务系统司法查控办理界面 1

选择证书，输入证书密码、用户账号、账号密码、验证码，点击"登录"按钮，进入系统，选择"业务办理"模块，点击"新增"按钮，如图 2-9-39 所示。

第二章 专利事务服务业务办理指南

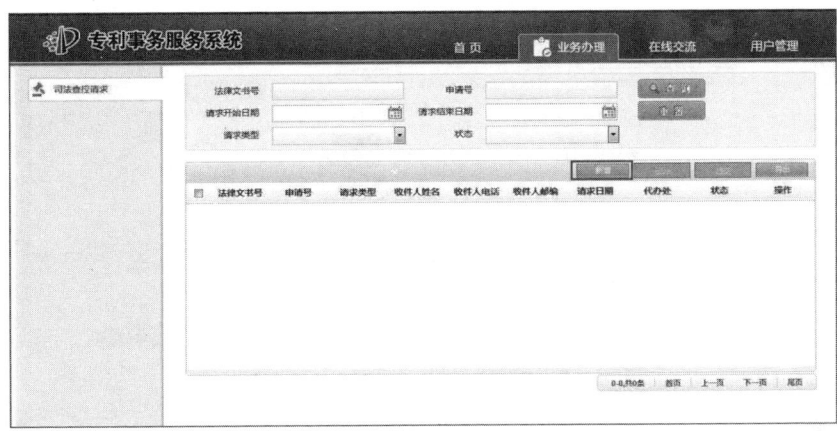

图 2-9-39 专利事务服务系统司法查控办理界面 2

系统跳出请求界面的对话框，如图 2-9-40 所示。

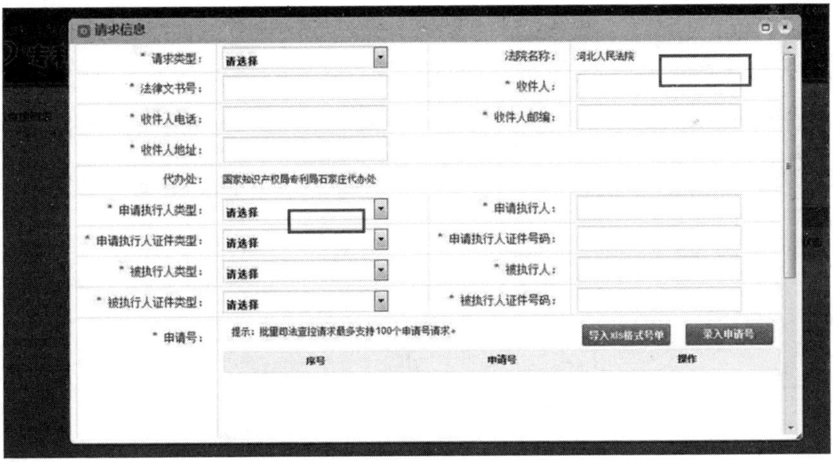

图 2-9-40 专利事务服务系统司法查控办理界面 3

填写司法查控请求信息，然后点击"打印协助通知书"，将协助通知书及其他证明文件上传，如图 2-9-41 所示。

· 91 ·

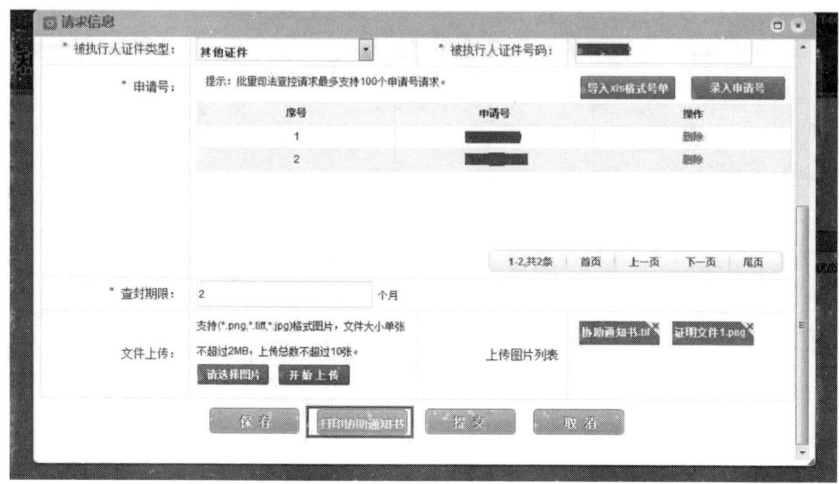

图 2-9-41　专利事务服务系统司法查控办理界面 4

点击"提交"按钮，将司法查控请求提交到代办处，如图 2-9-42 所示。

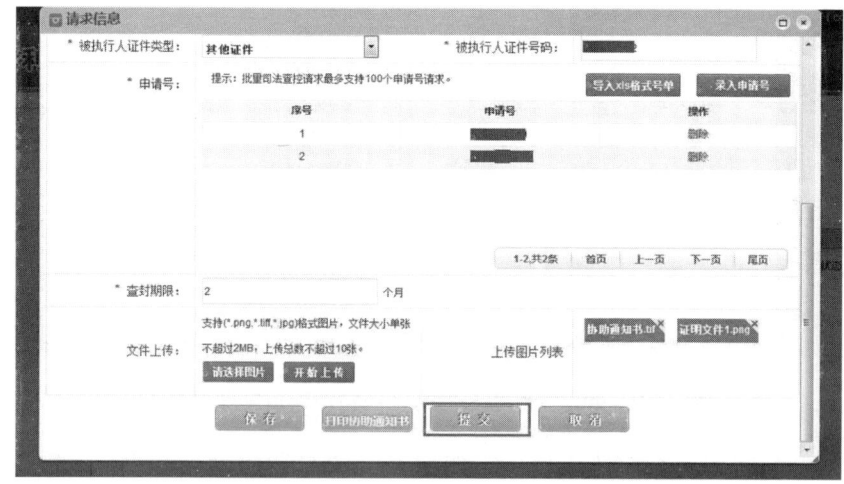

图 2-9-42　专利事务服务系统司法查控办理界面图 5

代办处通过专利事务服务系统审核端审核法院发来的司法查控请求，会根据法院发来的裁定书和协助执行通知书扫描件审核请求信息是否正确，并作出是否接收的结论，并将回执发送给相应的法院。代办处审核结束的司法查控请求，国家知识产权局专利局会最终作出是否予以保全的决定。

第三章 缴纳专利规费

第一节 公共费用查询

一、网络查询

(一) 非电子注册用户

第一步：在浏览器地址栏输入 http：//www.sipo.gov.cn，进入国家知识产权局官方网站，点击"政务服务平台"，如图3-1-1所示。

图3-1-1 中华人民共和国国家知识产权局网站首页

第二步：进入国家知识产权局政务服务平台，点击左侧"专利检索查询—专利审查信息查询"，如图3-1-2所示。

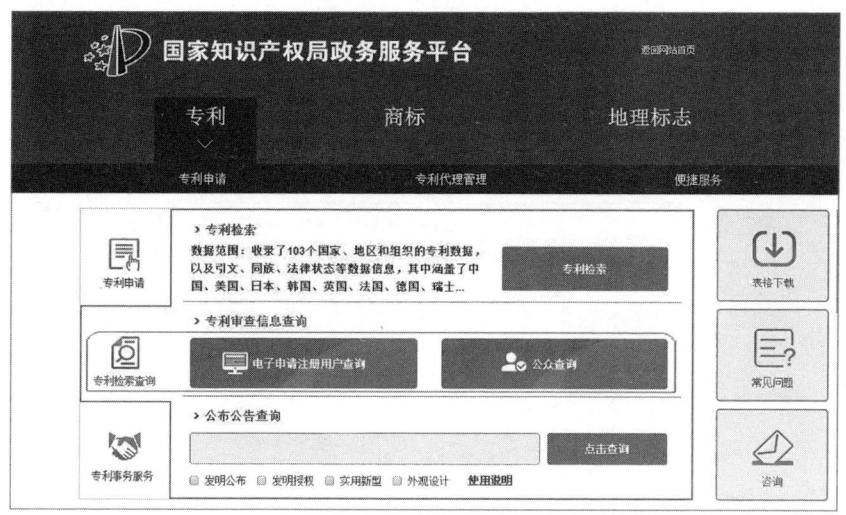

图3-1-2　国家知识产权局政务服务平台首页

第三步：非电子注册用户由"公众查询"入口进入系统，电子注册用户由"电子申请注册用户查询"入口进入系统。下面以公众查询入口为例演示费用查询方法，如图3-1-3所示。

第四步：阅读"使用声明"无异议后点击"同意以上声明"，进入查询页面。以专利号、申请人、发明名称的任何一项为查询条件进行费用信息查询。例如：输入申请号2011200533154及验证码，点击"查询"，再点击"费用信息"，即可查询出该专利的费用信息：1. 应缴费信息，包括费用种类、应缴金额、缴费截止日；2. 已缴费信息，包括缴费种类、缴费金额、缴费日期、缴费人姓名、收据号；3. 退费信息，包括退费种类、退费金额、退费日期、收款人姓名、收据号；4. 滞纳金信息；5. 收据发文信息。注册用户还可以点击"关注案件"，当案件的审查状态发生变化时，系统

● 社会公众办理专利事务操作指南

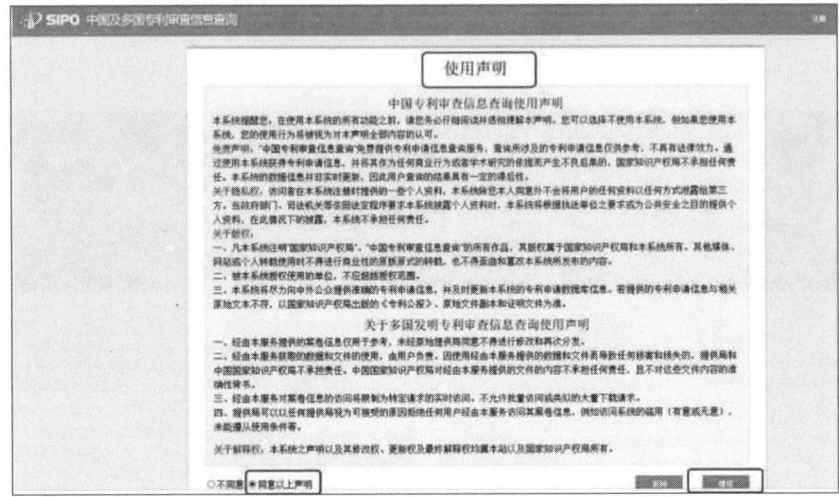

图3-1-3 使用声明

自动给用户推送相关信息,如图3-1-4所示。

图3-1-4 查询页面

(二)电子注册用户

1. 选择"登录在线平台"进入系统

第一步:在浏览器地址栏键入 http://www.cponline.gov.cn,进入中国专利电子申请网,输入用户代码、密码和验证码,点击

· 96 ·

"登录在线平台",如图 3-1-5 所示。

图 3-1-5　中国专利电子申请网"在线平台"登录

第二步：进入"国家知识产权局电子申请业务办理平台",点击中间"费用办理",如图 3-1-6 所示,再点击左侧栏"在线支付",然后选择"以国家申请号缴费",进入"在线支付—以国家申请号缴费"界面,输入专利号 2011200533154,点击"查询",即可查询出该专利的费用名称、应缴金额等,但要特别注意滞纳金的计算,如图 3-1-7 所示。

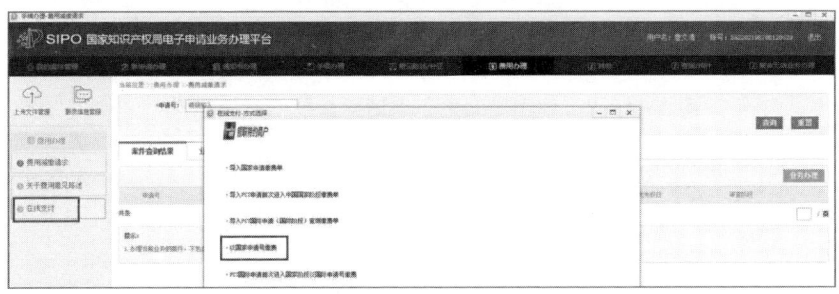

图 3-1-6　费用查询 1

● 社会公众办理专利事务操作指南

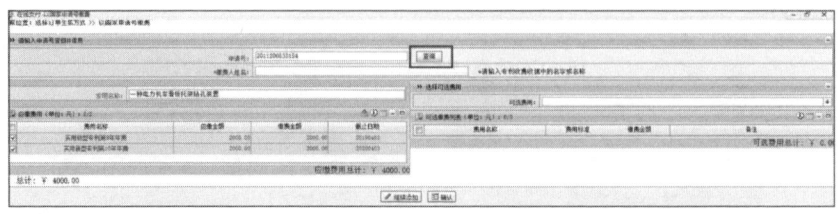

图 3-1-7　费用缴纳 2

2. 选择"登录对外服务"进入系统

第一步：在浏览器地址栏键入 http：//www.cponline.gov.cn，进入中国专利电子申请网，输入用户代码、密码和验证码，点击"登录对外服务"，如图 3-1-8 所示。

图 3-1-8　中国专利电子申请网登录"对外服务"

第二步：点击左上角的"网上缴费"选项，以国家申请号查费为例进行演示，点击"以国家申请号缴费"选项，如图 3-1-9 所示。

第三章 缴纳专利规费

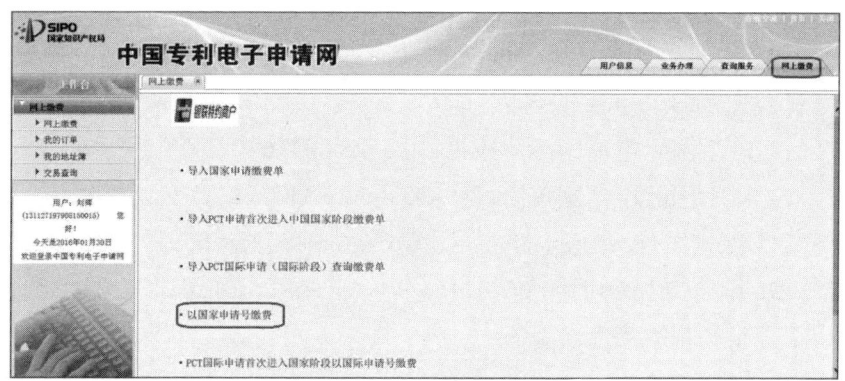

图 3-1-9 网上缴费 1

第三步：输入专利号 2011200533154，点击"查询"，即可查询出该专利的应缴费用种类、金额和期限，但要特别注意滞纳金的计算，如图 3-1-10 所示。

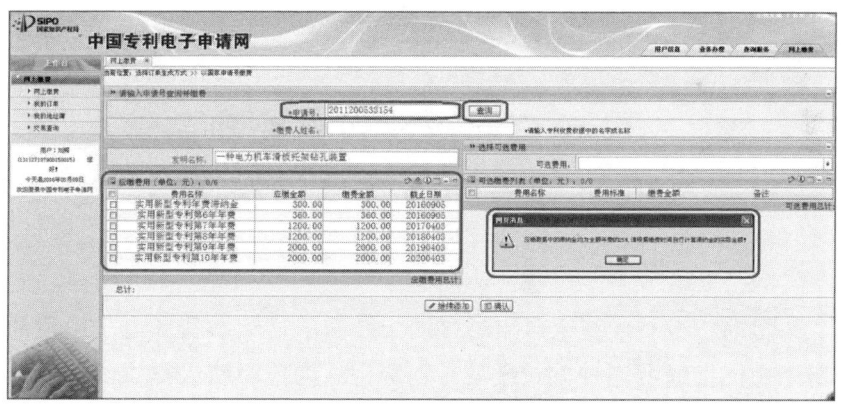

图 3-1-10 网上缴费 2

二、电话查询

1. 国家申请：缴费人可以通过电话查询 5 个（含）以下专利

·99·

缴费信息。

查询电话：010-62356655转1，查询时必须提供正确的申请号（或专利号）和发明名称。

2. PCT国际申请国际阶段：010-62088476

3. PCT国际申请国家阶段：010-62088300

4. 保密案件/集成电路布图：010-62088054/55

5. 国防专利：010-66782411/13（不在国家知识产权局缴纳，也不提供任何查费服务）

三、现场查询

国家知识产权局专利局受理大厅和地方各专利代办处，设有费用查询服务台，有专职工作人员为缴费人在缴费的当天，现场查询应缴费用种类、金额和缴费期限，查询结果只在当日有效。

第二节 国家知识产权局专利局南京代办处专利缴费操作指南

目前，专利缴费人可以通过面交缴费、寄交缴费和电子申请注册用户网上缴费三种方式缴纳专利费用。为给缴费人提供准确、及时、高效的专利缴费服务，现将三种缴费方式的操作流程分别介绍如下，缴费流程如图3-2-1所示。

第三章 缴纳专利规费

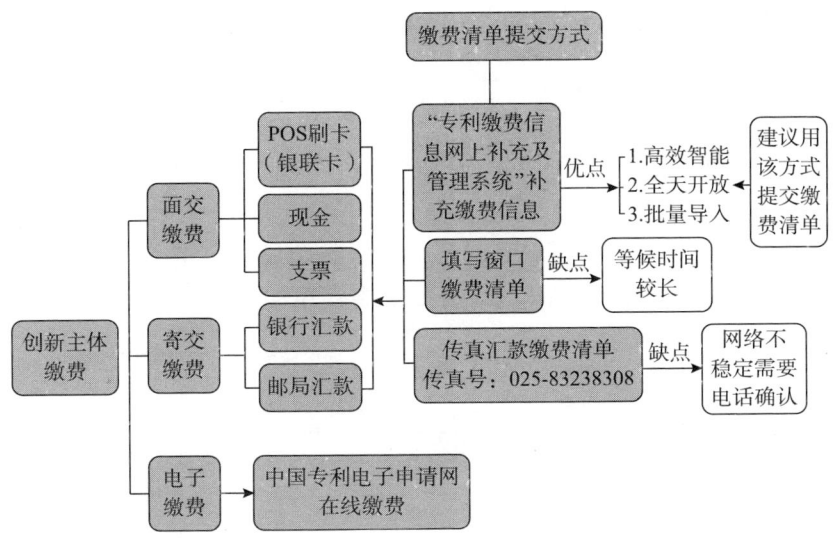

图 3-2-1 三种缴费方式流程

一、面交缴费

（一）费用支付方式

缴费人可用现金、支票和带银联标识的银行卡进行缴费。

（二）缴费日的确定

以缴费人实际支付费用的日期为缴费日。

（三）面交缴费信息提交

1. 使用"专利缴费信息网上补充及管理系统"提交缴费信息。缴费人只需将信息补充系统生成的订单号告知南京代办处窗口工作人员，即可当场快速缴费并领取收据。（如何使用"专利缴费信息网上补充及管理系统"详见《专利缴费信息网上补充及管理系统操作指南》）。

2. 填写“面交缴费清单”提交缴费信息或自带清单

（1）根据“面交缴费清单”格式样表填写缴费信息

“收据抬头”即缴费人报销的单位，如果不需要报销就填写缴费人的姓名，与实际的申请人或发明人无关；“申请号（或专利号）”9位或13位，中间的“·”不用填；“联系电话”写实际缴费人的手机号，以便当天票据有误方便联系进行更换。“费用种类和金额”根据实际明细填写，面交缴费清单如图3－2－2所示。

面交缴费清单

□ 自行查询确认

收据抬头（单位名称或个人姓名）＿＿＿＿＿＿＿＿

申请号（或专利号）ZL □□□□□□□□□□□□□ 联系电话＿＿＿＿＿＿

费用种类	申请费	公布印刷费	实质审查费	权利要求附加费	说明书附加费	优先权要求费	复审费	无效宣告请求费	专利权评价报告费	副本证明费
金额										
费用种类	登记费	公告印刷费	印花税	年费	滞纳金	恢复费	变更费	延长费		合计
金额										

其他缴费方式及费用查询方法见背面

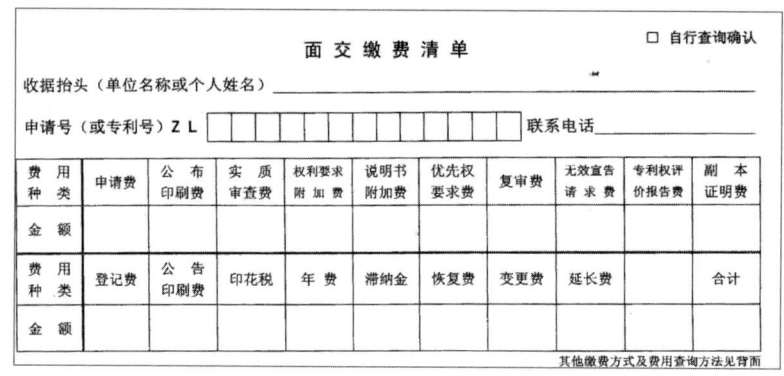

图3－2－2　面交缴费清单

一次缴纳多个申请号相关费用的，在专利缴费清单中填写。需开多个抬头的，每个抬头需计算一个“小计”，最后计算“总合计”，批量专利缴费清单如图3－2－3所示。

专利缴费清单

（电话：　　总计：　　）

序号	抬头	专利号	费用种类、金额	小计
1				
2				
3				
4				
5				
6				
7				
8				
9				
10				

图3－2－3　批量专利缴费清单

（2）缴费人自带清单

清单中必须包含收据抬头、申请号（或专利号）、联系电话以及费用种类和金额信息。

二、寄交缴费

寄交缴费包括银行汇款和邮局汇款两种方式。

（一）银行汇款

1. 缴费日的确定

汇款当天提交完整缴费信息的，以银行实际汇出日为缴费日；未在当日提交完整缴费信息的，以收到完整缴费信息日为缴费日。

2. 银行汇款时注意事项

（1）收款人的账号必须准确无误，否则银行将自动退款；

（2）汇款账户名称即为票据抬头名称；

（3）汇款凭证的摘要栏只能填写 25 个字以内的信息，不建议缴费人在摘要栏填写缴费信息；

（4）通过支付宝转账，国家知识产权局或代办处只能看到支付宝平台作为汇款人转来的款项，无法看到实际汇款人的名称，如实际汇款人未及时提交缴费信息，则会出现信息不对称的情况，影响到票据的开具，故暂不推荐通过支付宝转账方式进行缴费。

3. 缴费信息的提交

（1）通过"专利缴费信息网上补充及管理系统"提交（如何使用"专利缴费信息网上补充及管理系统"详见《专利缴费信息网上补充及管理系统操作指南》）。

（2）通过传真或自行送清单提交

缴费人可以将缴费清单传真至：025 - 83238209，也可以将缴费清单送到南京代办处窗口（江苏省南京市中山北路 49 号江苏机械大厦 10 层 1008 室）。

缴费清单中必须包含汇款人名称、开户行账号、汇款账号、申请号（或专利号）、费用种类和金额、票据寄送地址、联系人和联系电话。如有汇款凭条的，请将凭条一并附在清单后面。

（二）邮局汇款

1. 缴费日的确定

汇款当天提交完整缴费信息的，以实际汇出日为缴费日；未在当日提交完整缴费信息的，以收到完整缴费信息日为缴费日。

2. 邮局汇款时注意事项

（1）收款人地址必须准确无误；

（2）汇款人名称即为票据抬头名称；

（3）汇款时摘要填写有字数限制，不建议在摘要栏提交缴费信息。

3. 缴费信息提交

（1）通过"专利缴费信息网上补充及管理系统"提交（如何使用"专利缴费信息网上补充及管理系统"详见《专利缴费信息网上补充及管理系统操作指南》)。

（2）通过传真或自行送清单

缴费人可以将缴费清单传真至：025-83238209，也可以将缴费清单送到南京代办处窗口（江苏省南京市中山北路 49 号江苏机械大厦 10 层 1008 室）。

缴费清单中必须包含汇款人名称、汇票号、申请号（或专利号）、费用种类和金额、票据寄送地址、联系人和联系电话。如有汇款凭条的，请将凭条一并附在清单后面。

三、电子申请注册用户网上缴费

（一）缴费日的确定

以缴费人实际支付费用的日期为缴费日。

（二）下载模板

1. 进入下载页面

在中国专利电子申请网站首页点击"工具下载"，进入下载列表，如图 3-2-4 所示。

图 3-2-4　中国专利电子申请网"工具下载"

2. 国内申请号支付模板和 PCT 首次进入国家阶段支付模板下载

在下载列表页面选择"网上缴费模板文件"进行下载，如图 3-2-5、图 3-2-6 所示。

图3-2-5　网上缴费模板文件下载1

图3-2-6　网上缴费模板文件下载2

该文件解压打开后即是"国内申请号支付模板"和"PCT首次进入国家阶段支付模板",模板截图如图3-2-7、图3-2-8、图3-2-9所示。

图 3-2-7 网上缴费模板文件 1

图 3-2-8 网上缴费模板文件 2

图 3-2-9 网上缴费模板文件 3

3. PCT 国际网上模板下载

在下载列表页面选择"PCT 国际网上模板文件"进行下载,如图 3-2-10、图 3-2-11 所示。

图 3-2-10　PCT 国际网上模板文件下载 1

图 3-2-11　PCT 国际网上模板文件下载 2

模板内容截图如图 3-2-12 所示。

第三章　缴纳专利规费

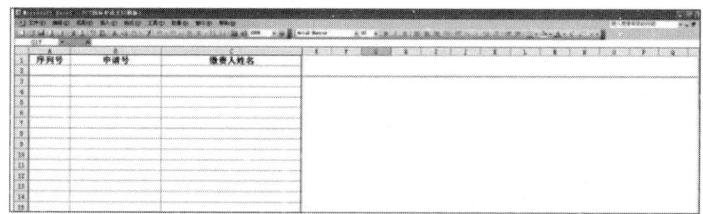

图 3-2-12　PCT 国际网上缴费模板文件

填写序号以及要查询缴费的 PCT 国际申请号和缴费人姓名，缴费人姓名栏请填写专利收费收据需开具抬头的名字或名称，保存为 Excel 格式文件。

（三）登录中国专利电子申请网缴费

进入中国专利电子申请网后，缴费人均可通过"登录在线平台"或"登录对外服务"进行专利缴费，但"登录在线平台"系统不提供交易查询功能，若需要跟踪订单信息，请"登录对外服务"系统进行查询。

1. 通过"登录对外服务"缴纳专利费用

1）登录网站

输入网址 http：//www.cponline.gov.cn，进入中国专利电子申请网站，如图 3-2-13 所示。

图 3-2-13　中国专利电子申请首页

2）进入窗口

输入"用户账号""密码"及"验证码",点击"登录对外服务"进入如图3-2-14所示页面。

图3-2-14　中国专利电子申请网界面

第一次点击"网上缴费"时,需签署《关于通过中国专利电子申请系统缴纳专利费用的公告》,如图3-2-15所示。

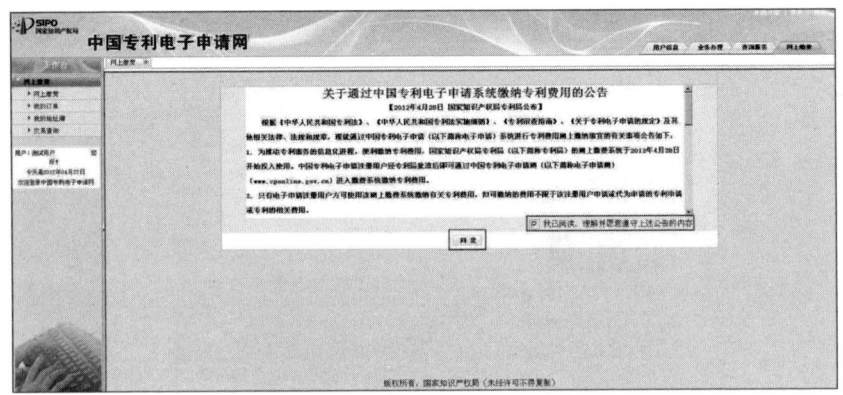

图3-2-15　中国专利电子申请系统缴纳专利费用的公告

同意后进入"网上缴费"主页面。

3) 生成订单

页面上分别对国家申请号、PCT 申请首次进入中国国家阶段缴费单、PCT 国际申请（国际阶段）的缴费信息导入和网页界面填写的提交方式设置了六个相应入口。

（1）批量导入缴费清单模板

①导入国家申请缴费单

第一步：在网上缴费主页面选择"导入国家申请缴费单"，如图 3-2-16 所示。

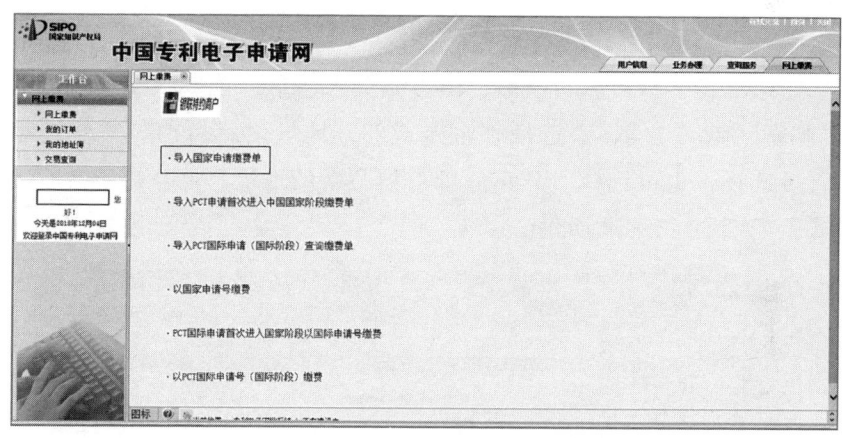

图 3-2-16　导入国家申请缴费单界面 1

第二步：点击下拉框选择模板文件，点击"导入"将模板导入系统中，如图 3-2-17 所示。

● 社会公众办理专利事务操作指南

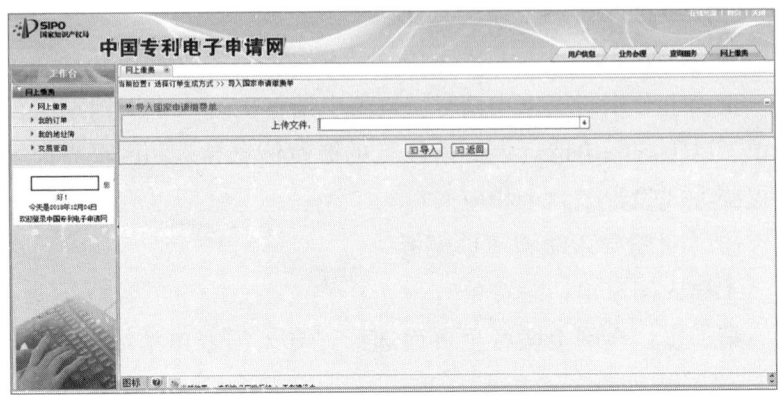

图3-2-17 导入国家申请缴费单界面2

第三步：核对缴费清单，填写缴费人信息。选取收据获取方式"邮寄"或"自取"。选择邮寄方式的，地址信息可通过常用地址直接选择，也可选择"其它信息"填写新的地址，选择相应缴费方式，如图3-2-18所示。

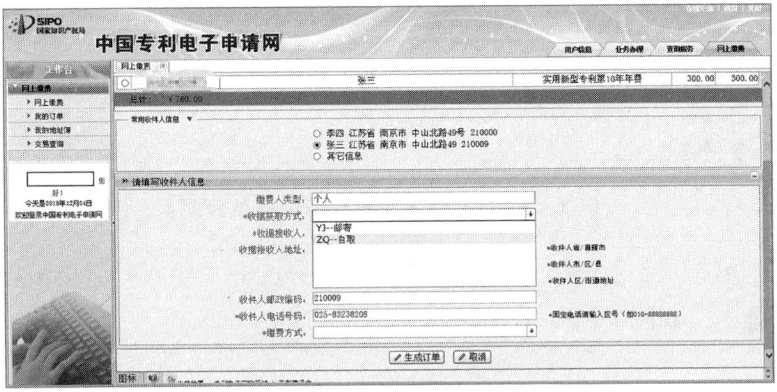

图3-2-18 填写收件人信息

第三章 缴纳专利规费

第四步：点击"生成订单"，弹出提示框，如图 3-2-19 所示。

图 3-2-19　生成订单 1

第五步：点击"确定"后，显示订单的详细信息，如图 3-2-20 所示。

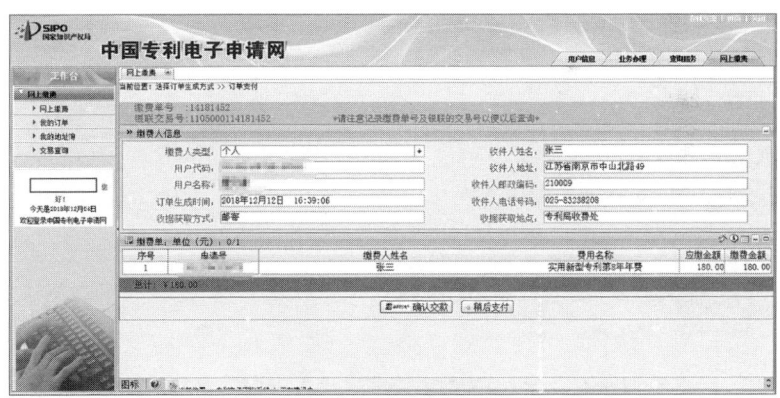

图 3-2-20　生成订单 2

② 导入 PCT 申请首次进入中国国家阶段缴费单

第一步：选择"导入 PCT 申请首次进入中国国家阶段缴费单"，如图 3-2-21 所示。

· 113 ·

● 社会公众办理专利事务操作指南

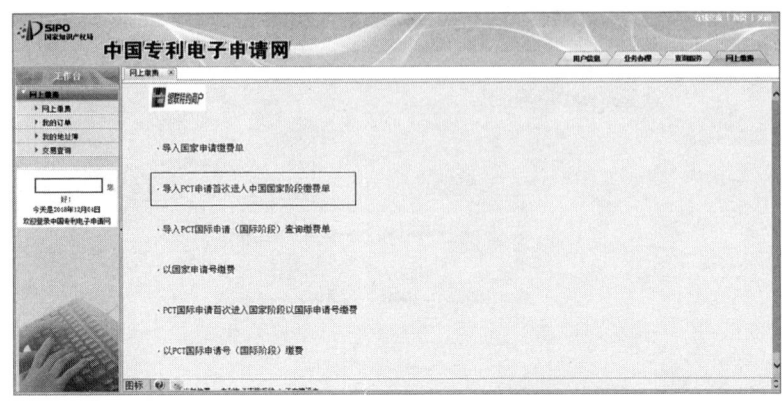

图 3-2-21　导入 PCT 申请首次进入中国国家阶段缴费单界面

第二步：点击下拉框选择模板文件，点击"导入"将模板导入系统中，如图 3-2-22 所示。

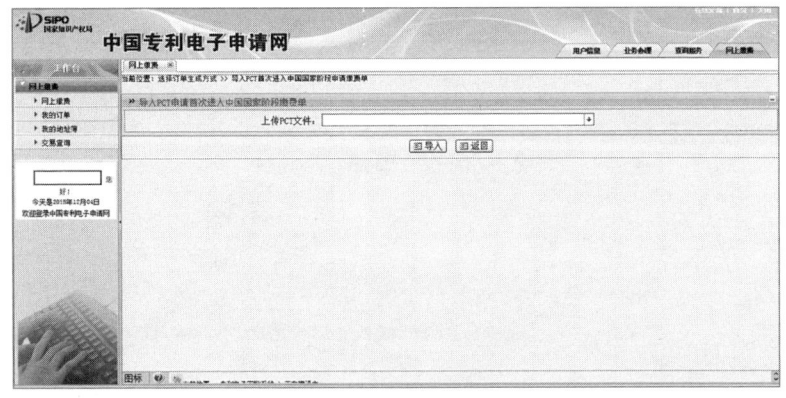

图 3-2-22　导入 PCT 申请首次进入中国国家阶段缴费单

第三步：核对缴费清单，填写缴费人信息。选取收据获取方式"邮寄"或"自取"。选择邮寄方式的，地址信息可通过常用地址直接选择，也可选择"其它信息"填写新的地址，选择相应缴费方式。

③ 导入 PCT 国际申请（国际阶段）查询缴费单

选择"导入 PCT 国际申请（国际阶段）查询缴费单"，如图 3-2-23 所示。

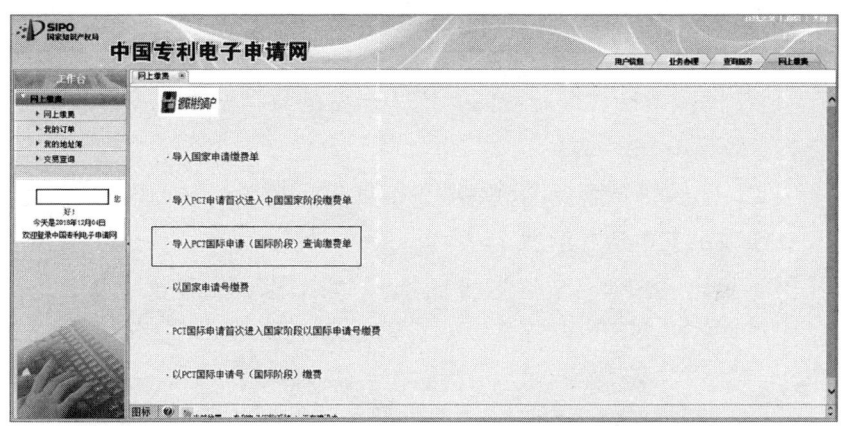

图 3-2-23　导入 PCT 国际申请（国际阶段）查询缴费单

点击下拉框选择模板文件，点击"上传"将模板文件上传入系统中，如图 3-2-24 所示。

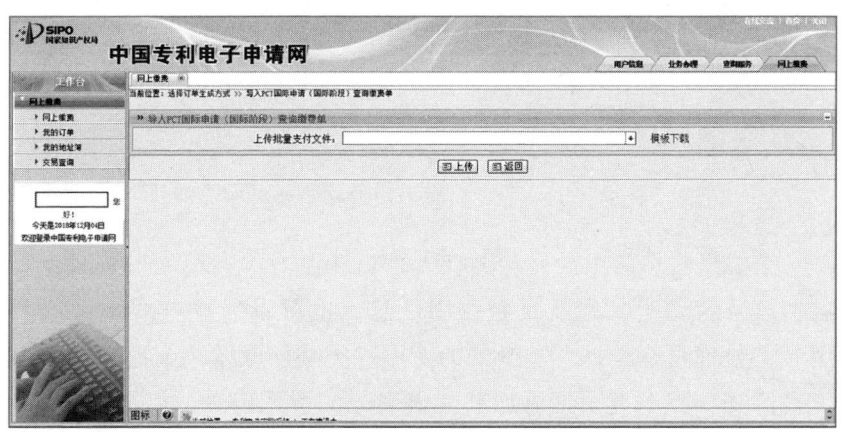

图 3-2-24　导入 PCT 国际申请（国际阶段）查询缴费单

系统会对导入模板内的 PCT 国际申请号进行应缴费用的查询，缴费人应核对查询结果。

注：由于 PCT 国际申请号可能存在尚无应缴费用的情况，导入申请号清单模板后，可能出现某个 PCT 国际申请号无相应的查询结果，缴费人应在导入模板后仔细核对查询结果。

PCT 国际申请（国际阶段）网上缴费的收据获取方式目前只支持"邮寄"。

(2) 在缴费界面直接填写缴费信息

① 以国家申请号缴费

第一步：在网上缴费主页面选择"以国家申请号缴费"，如图 3-2-25 所示。

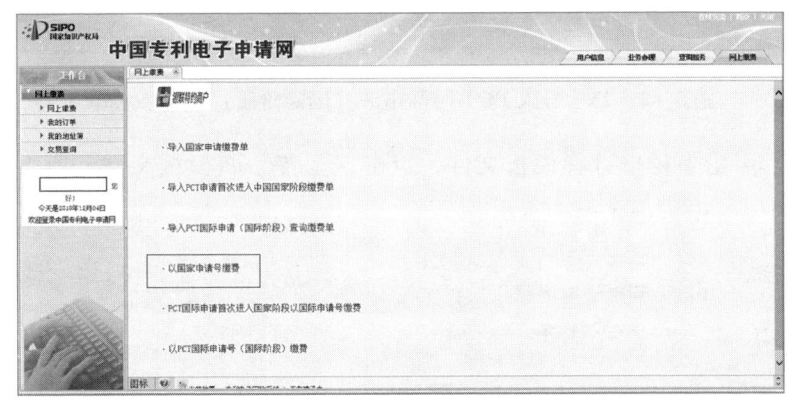

图 3-2-25　以国家申请号缴费界面

第二步：填写申请号和缴费人姓名，点击"查询"可实时查询该申请号的发明名称及应缴费用信息，也可以通过点击"可选费用"下拉框自行选择所需缴纳的费用种类并修改缴纳金额。点击继续"添加"回到此页面添加其他申请号的费用信息，点击"确认"进入填写缴费人信息页面，如图 3-2-26、图 3-2-27、图 3-2-28、图3-2-29所示。

第三章 缴纳专利规费

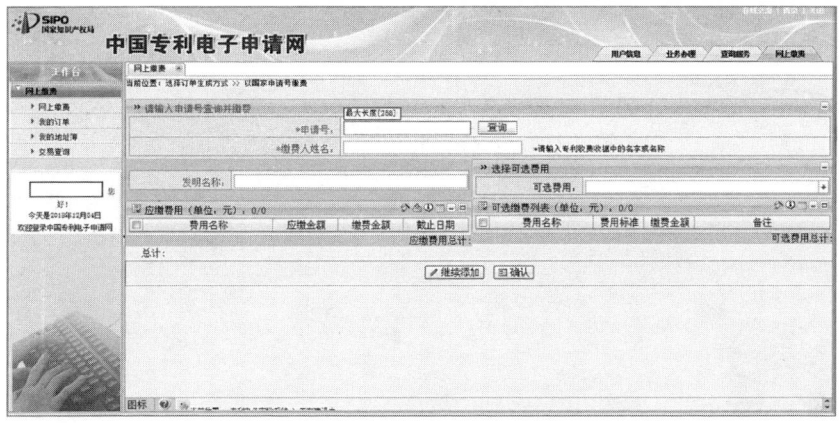

图3-2-26 填写缴费清单信息1

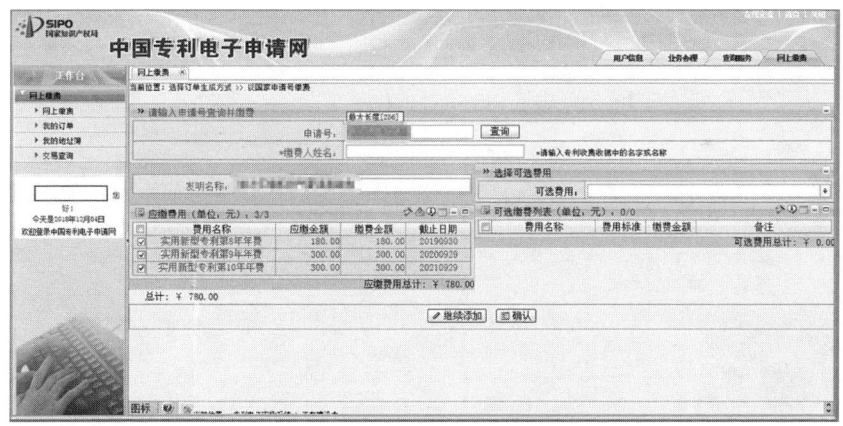

图3-2-27 填写缴费清单信息2

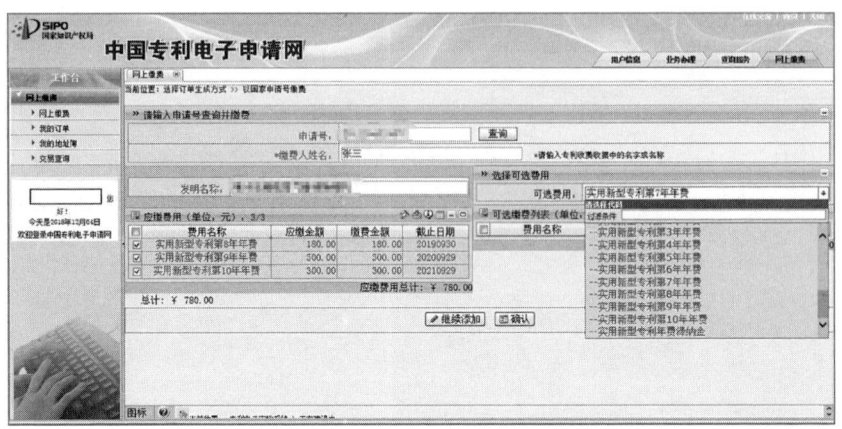

图3-2-28 填写缴费清单信息3

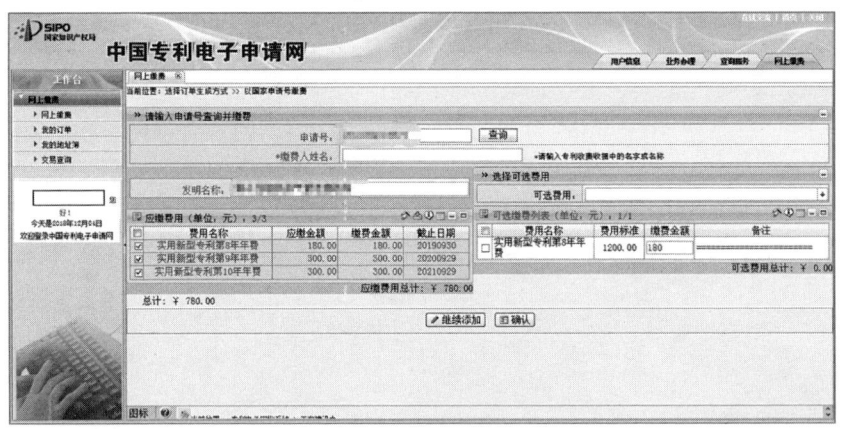

图3-2-29 填写缴费清单信息4

第三步:点击"修改"或"删除"可对填写的缴费清单信息进行修改或删除。选取收据获取方式"邮寄"或"自取"。选择邮寄方式的,地址信息可通过常用地址直接选择,也可选择"其它信息"填写新的地址,选择相应缴费方式,如图3-2-30、

图 3 - 2 - 31 所示。

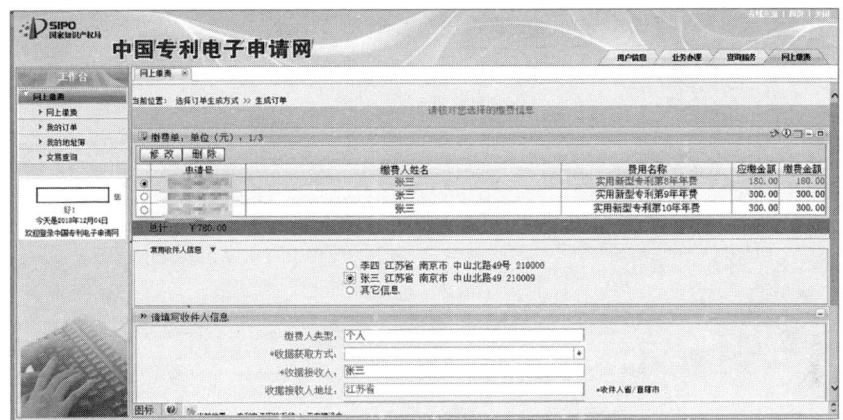

图 3 - 2 - 30　修改或删除缴费清单信息 1

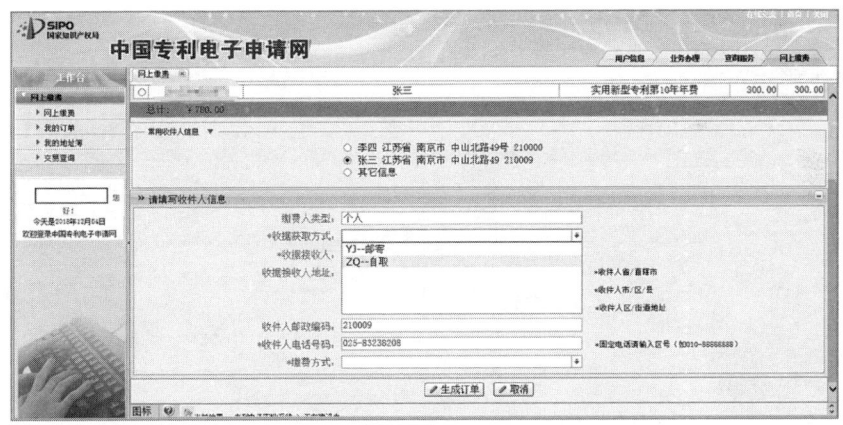

图 3 - 2 - 31　修改或删除缴费清单信息 2

邮寄方式，如图 3 - 2 - 32 所示。

● 社会公众办理专利事务操作指南

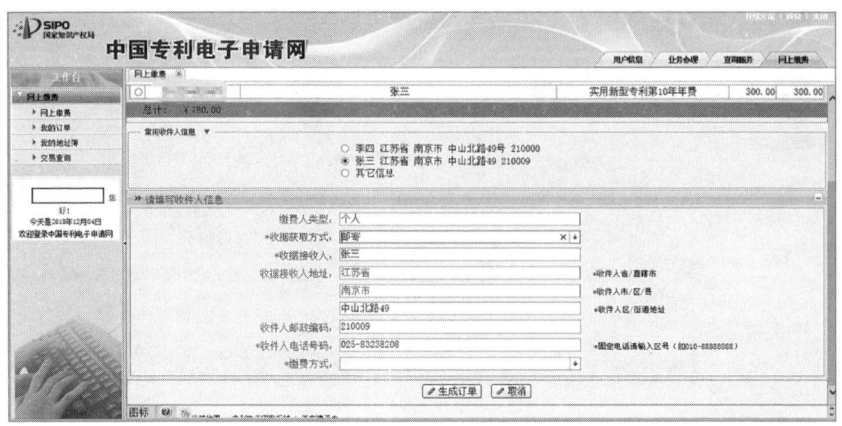

图 3-2-32　邮寄方式收件人信息填写

自取方式，如图 3-2-33、图 3-2-34 所示。

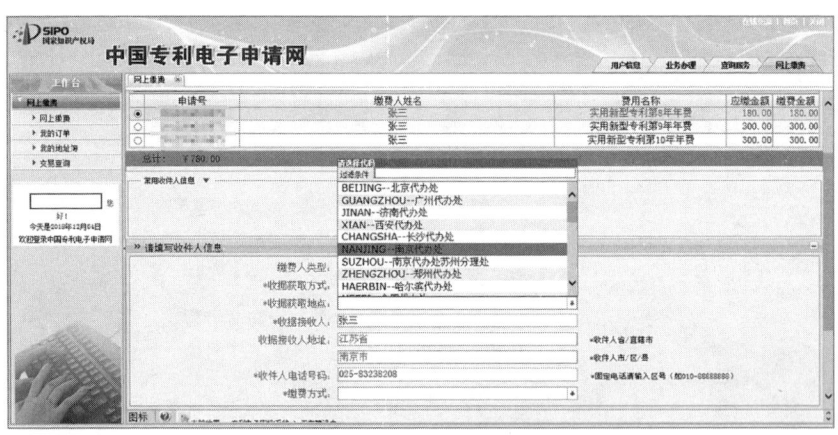

图 3-2-33　自取方式收件人信息填写 1

第三章 缴纳专利规费

图3-2-34 自取方式收件人信息填写2

点击"生成订单",弹出提示框,如图3-2-35所示。

图3-2-35 生成订单

第四步:点击"确定"后,显示订单的详细信息。
邮寄方式订单,如图3-2-36所示。

● 社会公众办理专利事务操作指南

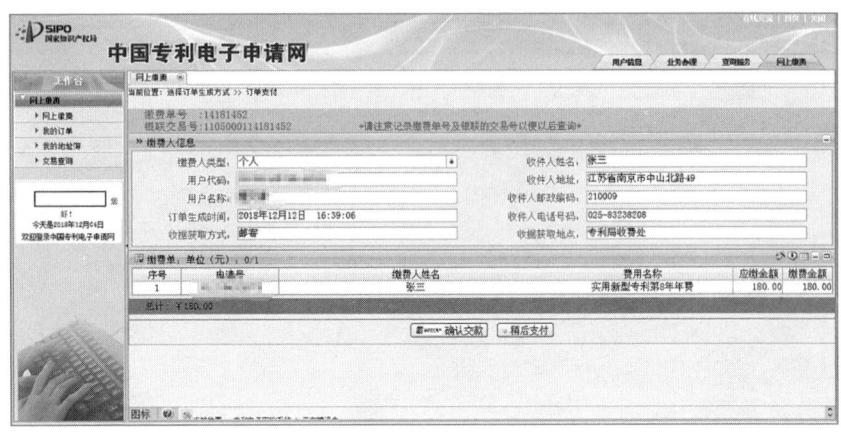

图3-2-36 邮寄方式订单

第五步：自取方式订单，如图3-2-37所示。

图3-2-37 自取方式订单

② PCT 国际申请首次进入国家阶段以国际申请号缴费

第一步：在网上缴费主页面选择"PCT 国际申请首次进入国家阶段以国际申请号缴费"，如图3-2-38所示。

第三章　缴纳专利规费

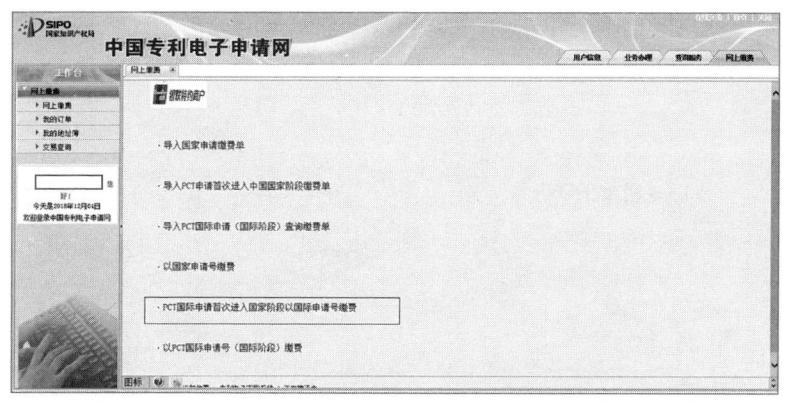

图3-2-38　PCT国际申请首次进入国家阶段以国际申请号缴费界面

第二步：填写申请号、专利类型和缴费人姓名，点击可选费用下拉框自行选择所需缴纳的费用种类并修改缴纳金额。点击"继续添加"回到此页面添加其他申请号的费用信息，点击"确认"进入填写缴费人信息页面，如图3-2-39所示。

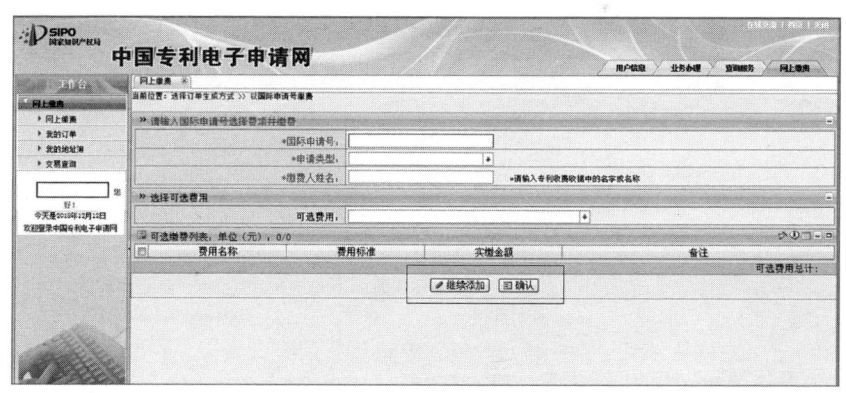

图3-2-39　填写缴费清单信息

第三步：点击"修改"或"删除"可对填写的缴费清单信息进行修改或删除。选取收据获取方式"邮寄"或"自取"。选择邮

● 社会公众办理专利事务操作指南

寄方式的,地址信息可通过常用地址直接选择,也可选择"其它信息"填写新的地址,选择相应缴费方式,如图3-2-40、图3-2-41所示。

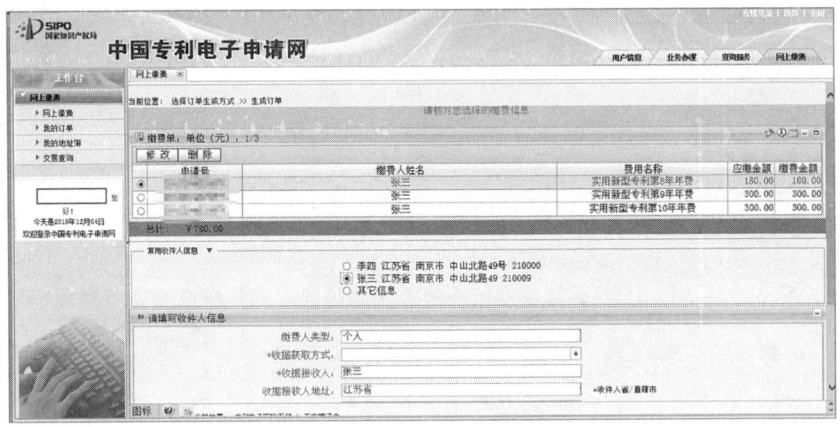

图3-2-40 修改或删除缴费清单信息1

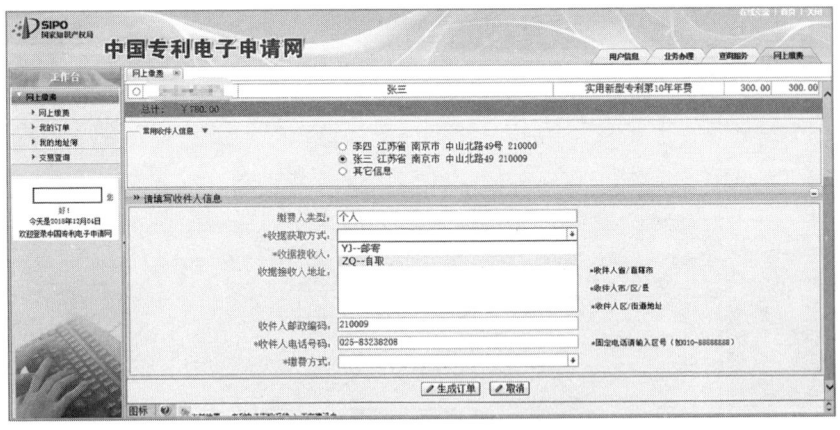

图3-2-41 修改或删除缴费清单信息2

第四步:点击"生成订单",弹出提示框,如图3-2-42和图3-2-43所示。

第三章 缴纳专利规费

图 3-2-42 生成订单 1

图 3-2-43 生成订单 2

第五步：点击"确定"后，显示订单的详细信息，如图 3-2-44 所示。

图 3-2-44　生成订单 3

③ 以 PCT 国际申请号（国际阶段）缴费

在网上缴费主页面选择"以 PCT 国际申请号（国际阶段）缴费"，如图 3-2-45 所示，填写详细的缴费清单信息，如图 3-2-46 所示。

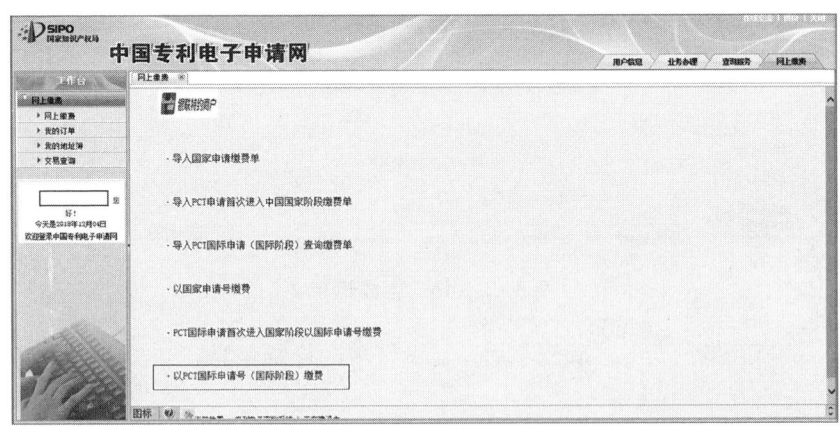

图 3-2-45　PCT 国际申请号（国际阶段）缴费界面

第三章 缴纳专利规费

图 3-2-46 填写缴费清单信息

4) 订单支付

(1) 个人银行卡支付

以个人账号登录的,只能使用个人银行卡进行缴费,具体操作如下:

在图 3-2-47 所示页面,点击"确认"后,点击左栏"我的订单",出现如图 3-2-48 所示页面,点击"确认交款",进入如图 3-2-49 所示页面。

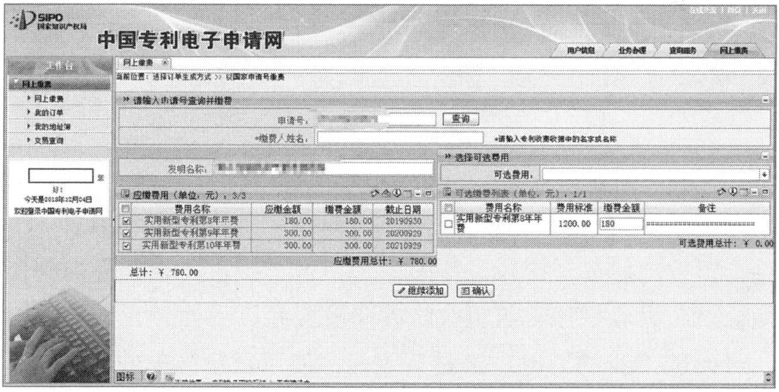

图 3-2-47 应缴费用信息查询界面

图 3-2-48　我的订单界面 1

图 3-2-49　我的订单界面 2

点击"确定"后,连入银联的主页面。上边是订单信息,下边可点击银行图标选择银行,如图 3-2-50 所示。(银联界面弹出时可能会被防火墙拦截,需更改防火墙设置允许界面弹出。若支付失败,可通过"我的订单"来进行查询,使用复制订单的功能重新生成订单并进行支付。具体操作见后文"5)订单的查询、付款和复制"使用说明。)

第三章 缴纳专利规费

图 3-2-50 在线支付界面 1

选定银行后会显示该银行所支持的银行卡类型和支付限额,如图 3-2-51 所示。

图 3-2-51 在线支付界面 2

点击"到网上银行支付",跳转到相应的银行页面,如图3-2-52所示。

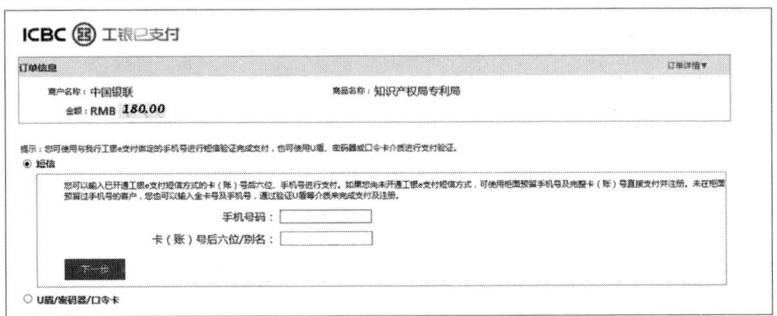

图3-2-52 在线支付界面3

没有图标的银行可以直接输入卡号,点击"到网上银行支付",根据输入的银行卡号,系统会自动判断对应的银行并跳转到相应的银行页面,如图3-2-53所示。

图3-2-53 在线支付界面4

支付完成后，回到网上缴费页面确认支付结果，如图3-2-54所示。

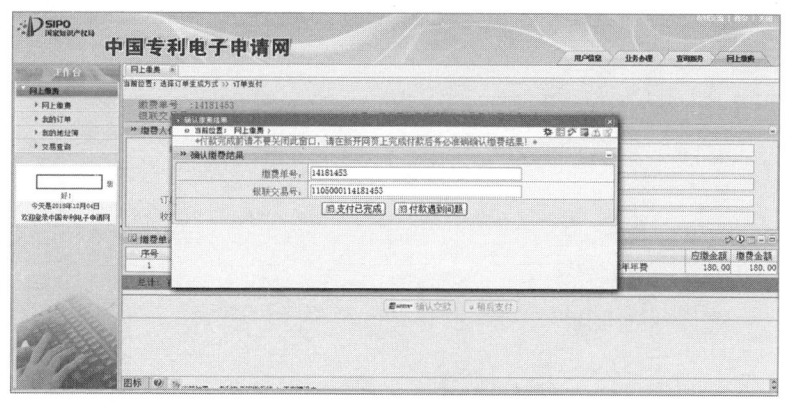

图3-2-54　确认支付结果界面

支付成功，页面会显示订单状态及确认缴费日，如图3-2-55所示。

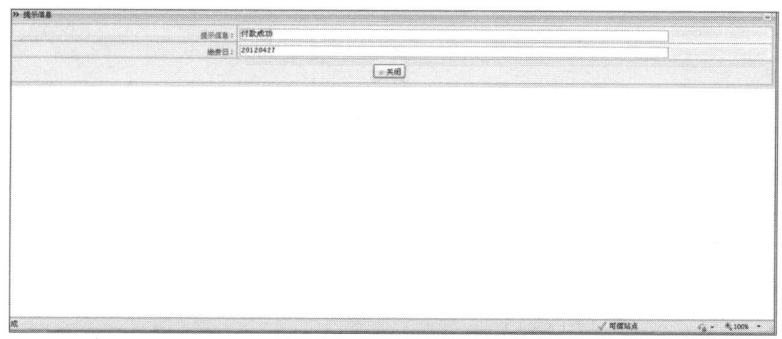

图3-2-55　订单状态及缴费日确认界面

支付失败后，可通过"我的订单"来进行查询，使用复制订单的功能重新生成订单并进行支付。付款时若选择稍后支付，则订单状态为待支付，可以通过我的订单来进行查询并进行支付。具体操作见"5)订单的查询、付款和复制"使用说明。

(2)对公账号支付(以代理机构为例)

以对公账号登录的,只能使用对公账户进行缴费。具体操作如下:

点击"确认交款"后,弹出提示框,如图3-2-56、图3-2-57所示。

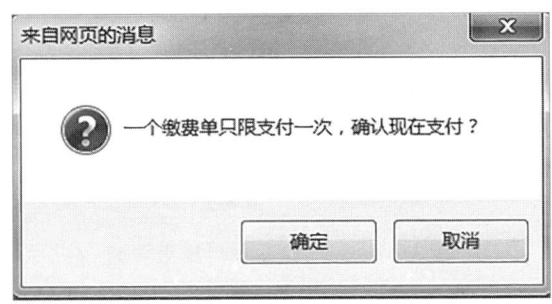

图3-2-56 订单支付(公司账户)界面1

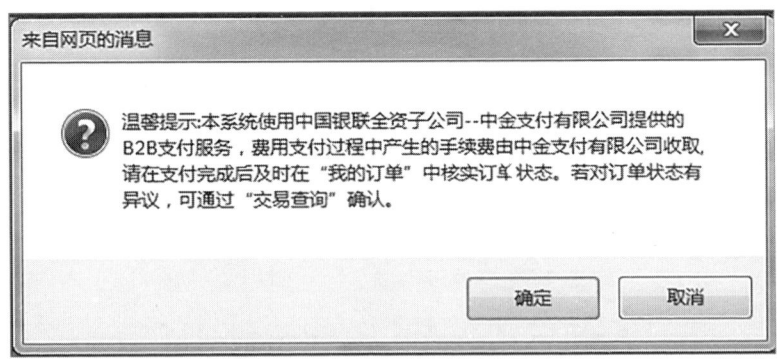

图3-2-57 订单支付(公司账户)界面1

点击"确定"后,接入对公支付平台的主页面,列示了缴纳专利费用的金额及手续费金额,下边可点击银行图标选择银行,如图3-2-58、图3-2-59所示。关于银行的对公账户网银设置可

第三章 缴纳专利规费

以拨打页面下方的客服电话4008809888-8进行咨询。（银联界面弹出时可能会被防火墙拦截，需更改防火墙设置允许界面弹出。若支付失败，可通过"我的订单"来进行查询，使用复制订单的功能重新生成订单并进行支付。具体操作见"5）订单的查询、付款和复制"使用说明。）

图3-2-58 对公在线支付界面1

图3-2-59 对公在线支付界面2

· 133 ·

● 社会公众办理专利事务操作指南

选定银行后点击确认,弹出提示框,如图3-2-60所示。

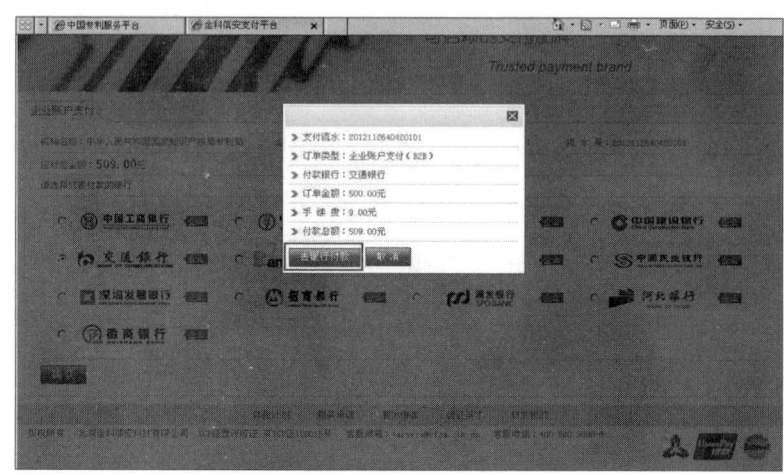

图3-2-60 对公在线支付界面3

点击"去银行付款",跳转到相应的银行页面,根据各银行的要求完成支付即可。

支付完成后,回到网上缴费页面确认支付结果,如图3-2-61所示。

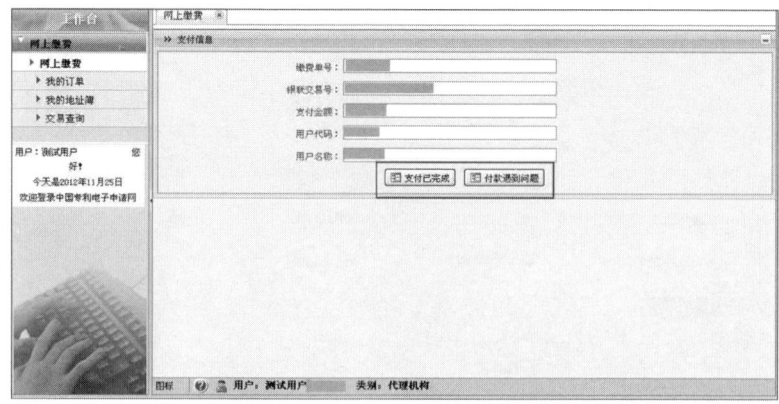

图3-2-61 确认支付结果界面

支付成功，页面会显示订单状态及确认缴费日，如图3-2-62所示。

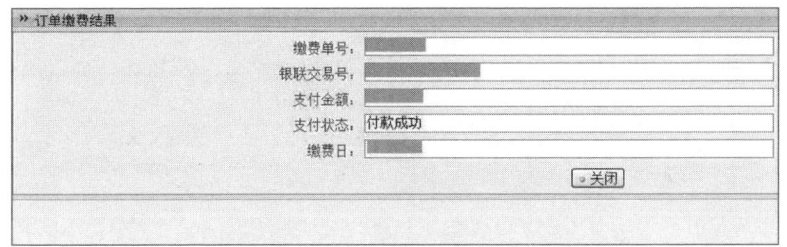

图3-2-62 订单状态及缴费日确认界面

支付失败后，可通过"我的订单"来进行查询，使用复制订单的功能重新生成订单并进行支付。付款时若选择稍后支付，则订单状态为待支付，可以通过"我的订单"来进行查询并进行支付。

5）订单的查询、付款和复制

（1）订单查询

在网上缴费主页面，选择"我的订单"进入订单查询页面，通过缴费单号、订单状态和订单创建时间等条件进行筛选，点击"查询"将显示订单列表，如图3-2-63、图3-2-64所示。

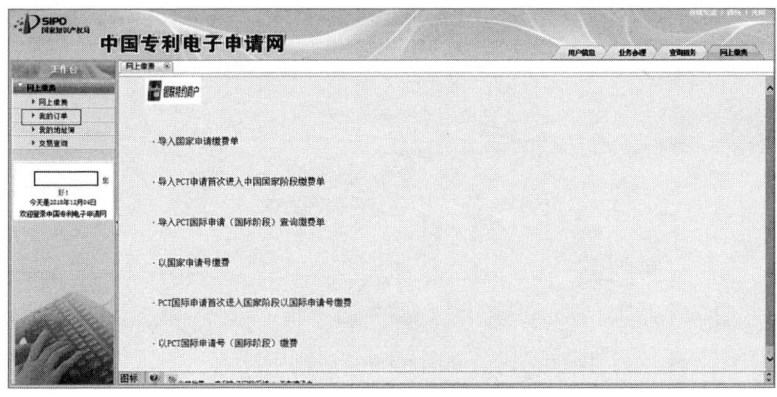

图3-2-63 订单查询界面1

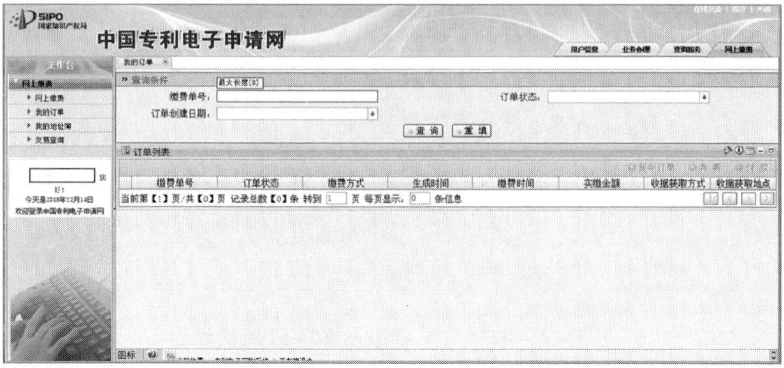

图 3-2-64 订单查询界面 2

选择某条具体的订单,可点击"查看"按钮查看订单信息,如图 3-2-65 所示。

图 3-2-65 订单查询界面 3

(2)订单付款

选择当天生成且订单状态为"待支付"的订单,可点击"付款"按钮进行订单的支付,如图 3-2-66 所示。

第三章 缴纳专利规费

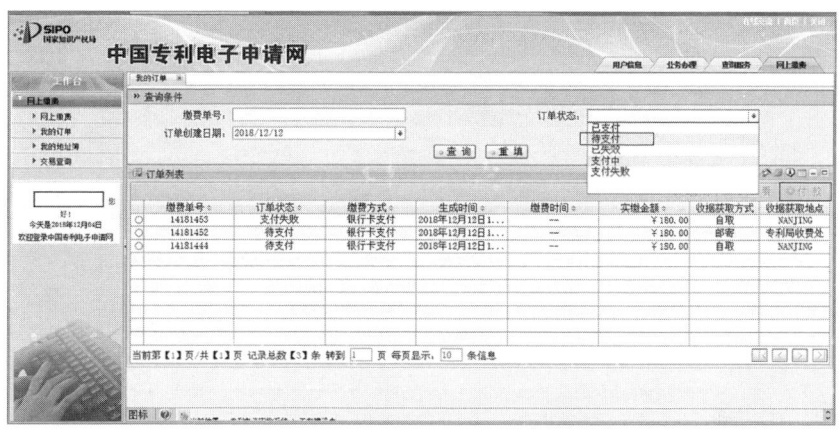

图 3 - 2 - 66　待支付订单付款

每日 24 时以后，当天未完成支付的订单全部失效。

（3）订单复制

选择当天生成且订单状态为"支付失败"的订单，可点击"复制订单"按钮进行订单的复制，如图 3 - 2 - 67 所示。

图 3 - 2 - 67　订单复制

点击"重新生成订单"，生成新的缴费单号和银联交易号，如

· 137 ·

图3-2-68、图3-2-69、图3-2-70、图3-2-71所示。

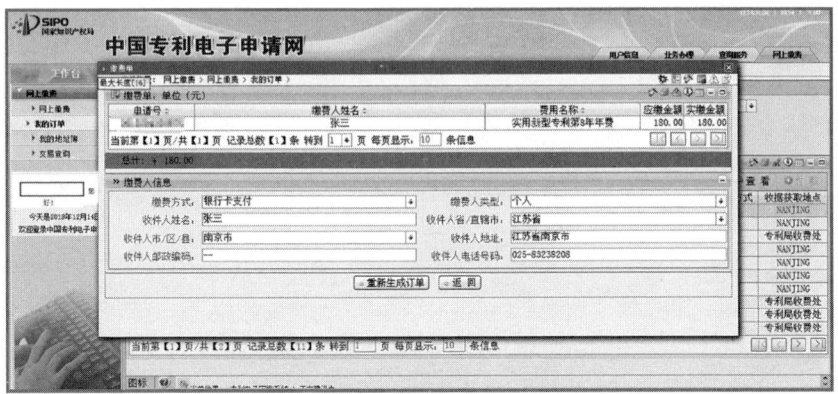

图3-2-68 重新生成订单1

图3-2-69 重新生成订单2

第三章 缴纳专利规费

图 3-2-70 重新生成订单 3

图 3-2-71 重新生成订单 4

6)地址簿管理

在网上缴费主页面,选择"我的地址簿"进入常用地址信息的管理页面,如图 3-2-72 所示。

图 3-2-72　地址簿管理 1

输入地址信息后点击"添加"可增加新的地址信息。已有的地址信息可进行编辑和删除。系统最多支持 10 个常用地址的管理和维护，如图 3-2-73、图 3-2-74、图 3-2-75 所示。

图 3-2-73　地址簿管理 2

第三章 缴纳专利规费

图 3-2-74 地址簿管理 3

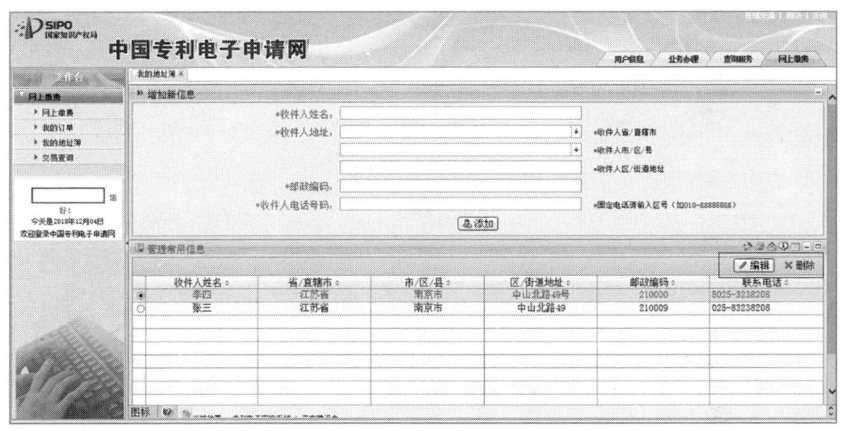

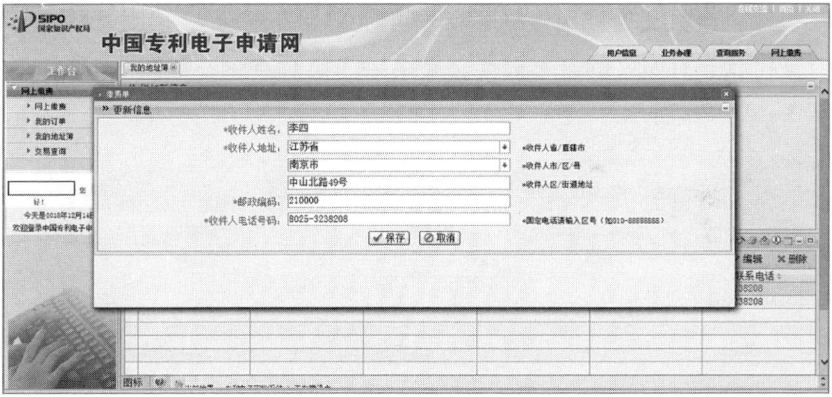

图 3-2-75 地址簿管理 4

7)交易查询

在网上缴费主页面,选择"交易查询"进入交易查询页面,点击银行卡订单查询,如图 3-2-76 所示。

● 社会公众办理专利事务操作指南

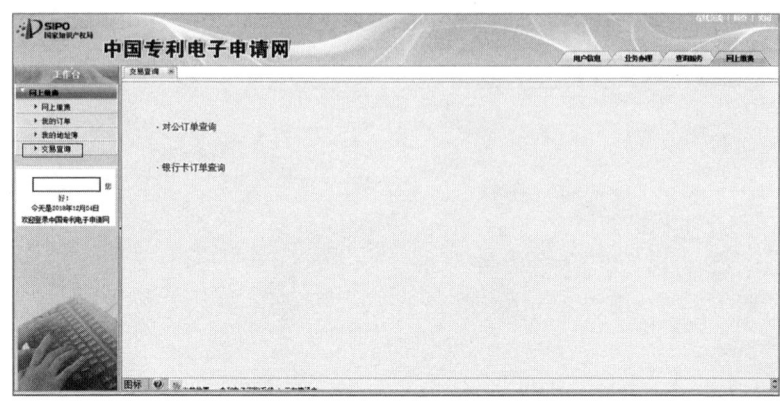

图 3-2-76 交易查询界面

（1）对公订单

输入银联交易号和订单生成时间后点击"查询"，可对系统中订单支付状态有疑义的订单进行交易结果的实时查询，如图 3-2-77、图 3-2-78 所示。

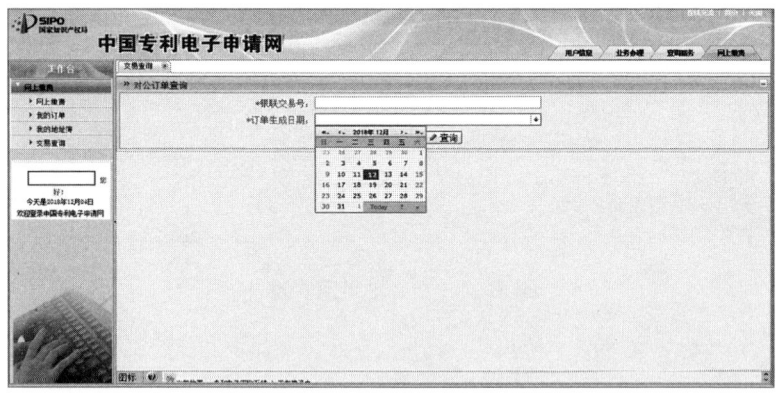

图 3-2-77 对公订单查询界面 1

· 142 ·

图 3-2-78　对公订单查询界面 2

（2）银行卡订单

输入银联交易号和订单生成时间后点击"查询"，可对系统中订单支付状态有疑义的订单进行交易结果的实时查询，如图 3-2-79 所示。

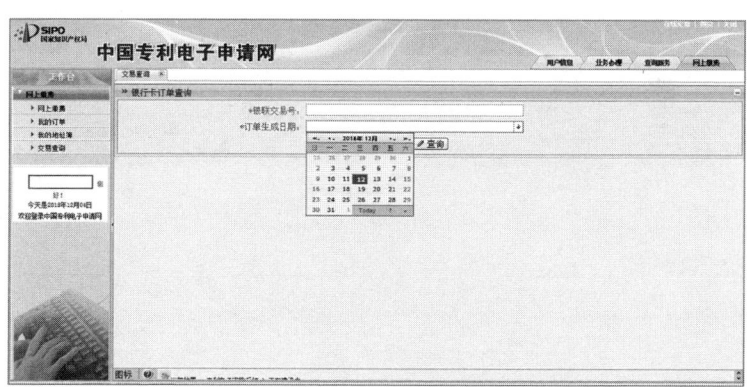

图 3-2-79　银行卡订单查询界面

2. 通过"登录在线平台"缴纳专利费用

1）登录网站

输入网址 http：//www.cponline.gov.cn，进入中国专利电子申

请网站，输入"用户账号""密码"及"验证码"，点击"登录在线平台"，如图3-2-80所示。

图3-2-80　登录"在线平台"缴纳专利费界面

2）缴纳专利费用

第一步：点击费用办理，选择左侧栏"在线支付"，如图3-2-81所示。

图3-2-81　缴纳专利费1

第二步：进入如图3-2-82所示的页面后，选择要缴纳专利的情况。

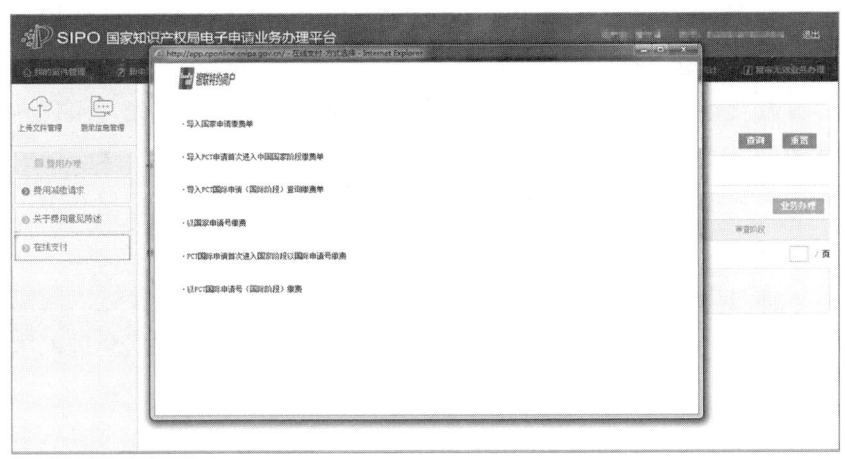

图3-2-82　缴纳专利费2

根据上图步骤操作，在线平台会连接至在线支付系统，即通过"登录对外服务"后出现的在线支付系统，缴费步骤按照"登录对外服务"中4）生成订单和5）订单支付的步骤执行。

3. 使用过程中的注意事项

① 新申请受理后，缴纳申请阶段费用的额度与缴纳时间应以"缴纳申请费通知书"或"费用减缓审批通知书"为准。

② 应缴费用中若包含过期费用，需根据实际情况判断是否在恢复期内，若在恢复期内，自行选择缴纳恢复费；若应缴恢复费已过期，则无法恢复。

③ 在批量导入缴费清单时，如出现下列情形：国内申请号支付模板中申请号填写不正确、PCT首次进入支付模板中申请号不符合格式要求、未选择专利类型，则系统会提示错误信息。

④ 复制订单功能仅用于对当天支付失败的订单进行支付。每

日 24 时，系统将对当天所有未支付或支付失败的订单进行失效处理。

4. 缴纳专利费用后的费用状态信息何时进入国家知识产权局电子审批系统？

在代办处通过面交、寄交方式缴费的，费用状态首先进入代办处收费系统，代办处会在当日下班前或次日上午将数据推送至国家知识产权局收费系统。约 2 个工作日左右，收费系统的数据会进入国家知识产权局电子审批系统。

通过电子申请注册用户网上缴费的，缴费信息将直接进入国家知识产权局收费系统，约 1 个小时左右，收费系统的数据会进入国家知识产权局电子审批系统。

第三节　专利缴费信息网上补充及管理系统操作指南

为给缴费人提供更加便捷、准确的缴费信息补充渠道，有效保障专利缴费的准确性和及时性，国家知识产权局开发了专利缴费信息网上补充及管理系统（以下简称信息补充系统）。

信息补充系统是以全信息化手段进行专利缴费信息的填报、提交、审核、处理、比对、反馈等流程操作的一个系统。所有通过银行、邮局汇款或窗口当面缴纳专利费用的缴费人，均可在汇款或缴费当日登录信息补充系统进行信息填写。通过该系统提交缴费信息后，在银行及邮局汇款后，不需要通过传真及电子邮件补充缴费信息并进行人工核对；窗口缴费时不需要提供纸件缴费清单并手工采集缴费信息。

该系统 24 小时开放，登录地址为 http：//fee.cnipa.gov.cn，同时该系统还提供安卓手机 APP 使用功能。

现将该系统用于在代办处缴费的信息补充流程及安卓手机 APP 的操作流程介绍如下。

一、通过电脑登录信息补充系统

（一）系统中缴费信息的填写

1. 窗口面交缴费信息提交

第一步：登录"专利缴费信息网上补充及管理系统"，进入信息补充系统首页。缴费人选择"窗口缴费信息填写"，如图 3-3-1 所示。

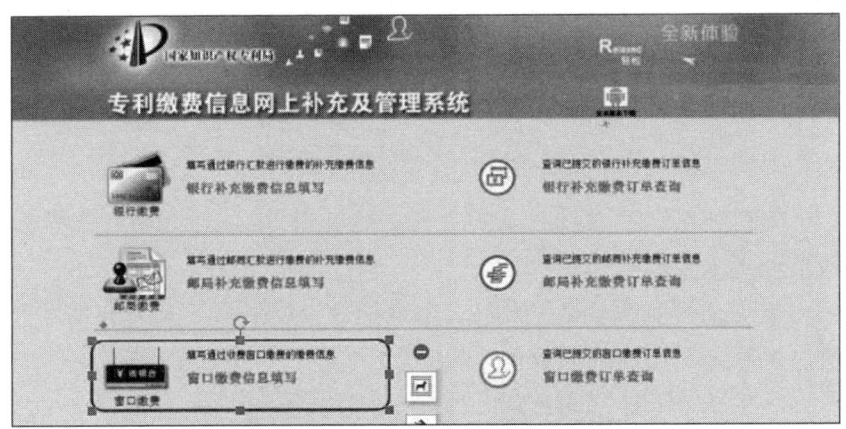

图 3-3-1　选择窗口缴费信息填写

第二步：缴费信息填写（"*"为必填项）。点击系统首页中"窗口补充缴费信息填写"进入窗口缴费填写页面。窗口补充缴费填写包含汇款人信息和费用信息。

● 社会公众办理专利事务操作指南

(1) 汇款人信息填写,如图3-3-2所示。

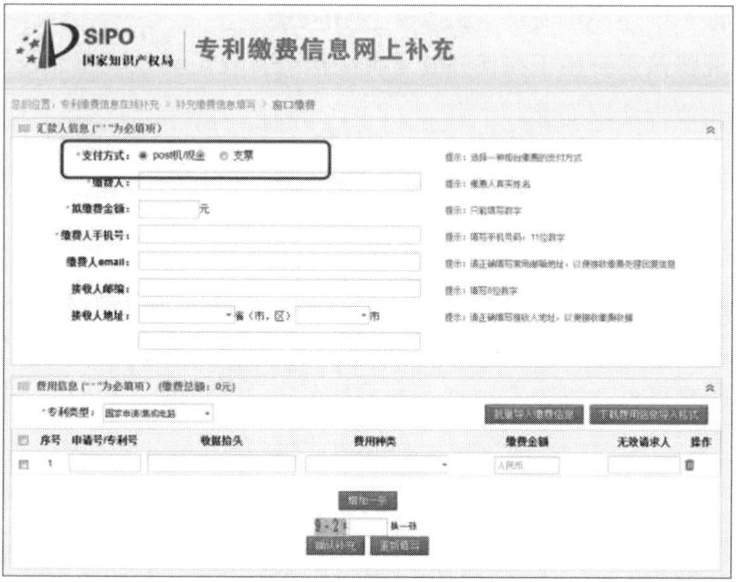

图3-3-2 汇款人信息填写

窗口缴费中包含两种支付方式:POS机/现金、支票,缴费人按实际需求进行勾选。

填写"拟缴费金额"时,在输入框旁自动显示其人民币大写金额。汇款金额精确到小数点后两位。

收款单位选择"南京代办处",如图3-3-3所示。

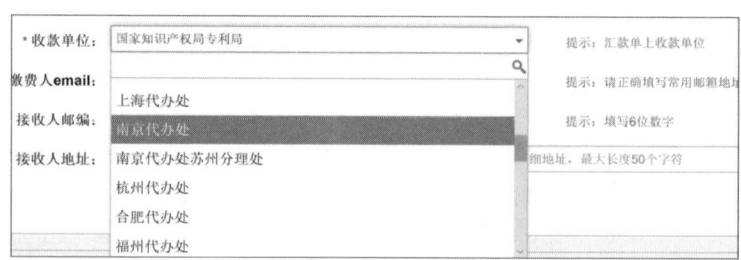

图3-3-3 选择收款单位

· 148 ·

第三章　缴纳专利规费

（2）费用信息填写

专利类型包括：国家申请、PCT申请（首次进入国家阶段）、PCT申请（国际阶段）。收款单位选择为南京代办处时，专利类型只能选择"国家申请/集成电路"，如图3-3-4所示。

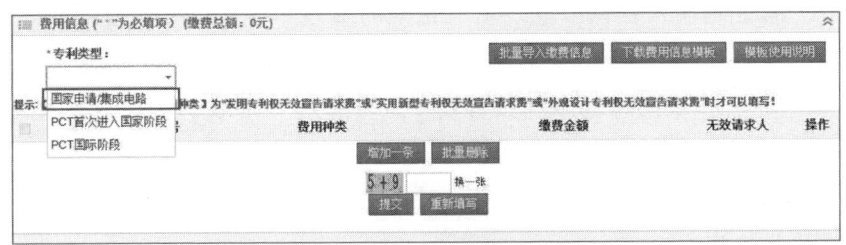

图3-3-4　选择专利类型

① 若为单件专利或件数较少的，可直接在网页上补充专利缴费信息。

点击"增加一条"，在列表下方增加一行费用信息。点击操作列表下的"🗑"按钮，即可删除该条费用信息。当费用种类选择"××专利权无效宣告请求费"时才需输入"无效请求人"，如图3-3-5所示。

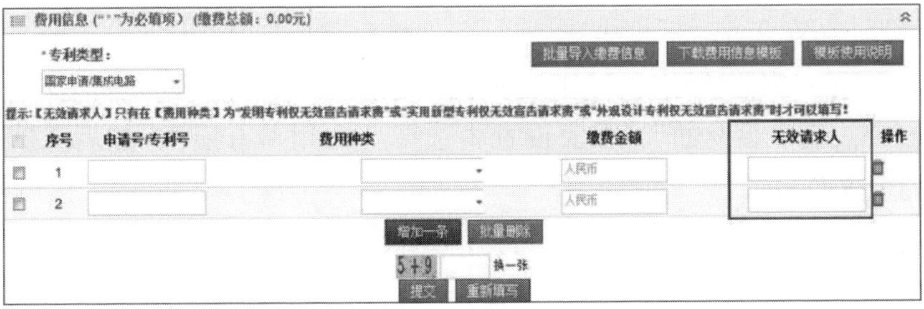

图3-3-5　费用信息填写

窗口补充缴费信息，当支付方式选择"POS机/现金"时，费

· 149 ·

用信息列表下会显示"收据抬头",用户可自行填写,收据抬头据此开具。当支付方式选择"支票"时,费用信息列表无"收据抬头"。缴费人必须与支票中的付款人名称一致,收据抬头将按照缴费人开具。

验证码输入:算术题,填写正确时显示"√",填写错误时显示"×"。

② 若一次缴费的专利数量较多,可通过"下载费用信息模板"进行专利缴费信息补充,如图 3-3-6 所示。

为保障模板正常使用,用户需在 Excel 中启用宏,且不要改动表格的模板。

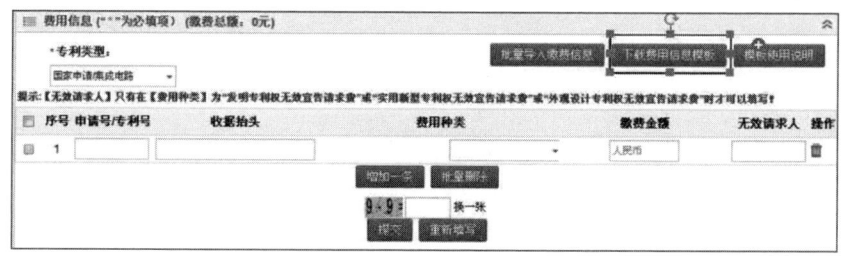

图 3-3-6 下载费用信息模板

Excel 2003 版本:打开 Excel,点击菜单"工具→宏→安全性",在安全性对话框中选择"中",然后重新打开文件;

Excel 2007 版本:打开 Excel,点击菜单"Excel 选项→信任中心→信任中心设置",在宏设置中选择"启用所有宏",然后重新打开文件;

Excel 2010 及以上版本:打开 Excel,看到黄色安全警告,提示宏已经被禁用,点击"启用内容"。

在 Excel 中依次输入申请号、费用种类、费用金额,注意一行只能填写一种费用种类,一个申请号若缴纳多种费用则需填写多行,当费用种类选择"××专利权无效宣告请求费"时还应输入"无效申请人"。

补充缴费信息数量较大的缴费人,可以下载费用信息模板,批量导入缴费信息。

模板填写完成后保存,点击"批量导入缴费信息"。

点击"浏览"找到模板文件,上传模板,如图3-3-7所示。上传过程中,若某一个如补充缴费信息没有通过校验,则批量导入失败,所有数据将不会被导入系统。

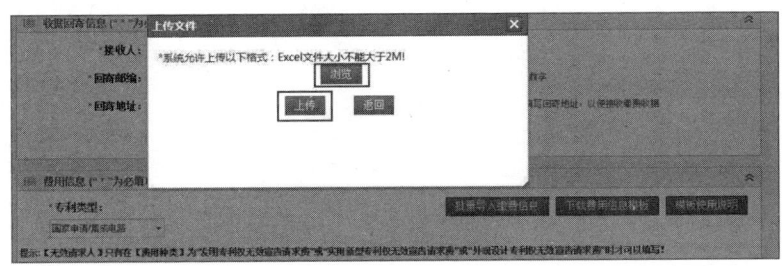

图3-3-7　上传模板

核对上传的信息,确认无误则可点击"提交"。

(3) 订单生成及打印

信息填写完毕后,点击"提交",系统会校验费用信息的总额与其在汇款人信息中填写的汇款金额是否一致。如果不一致则给予提示,并且不允许提交补充缴费信息,如图3-3-8所示。

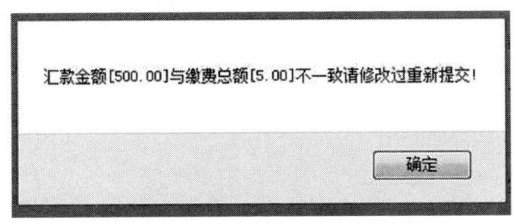

图3-3-8　汇款金额不一致提示界面

● 社会公众办理专利事务操作指南

点击"重新填写",清空所有填写的信息内容。当所填的信息经过校验正确后,出现信息确认界面,核对无误后点击"确认补充"按钮提交;提交成功后同时进入"银行补充缴费信息订单页面",系统自动生成16位订单号。缴费人提交订单时,对除订单号外其他指定数据项进行重复性校验,信息完全一致的则不予提交订单,并提示重复。

点击图3-3-9所示页面右上角"打印订单号码"时,只打印出订单号码及订单生成时间。

点击"下载订单信息"选择保存位置,如图3-3-10所示。

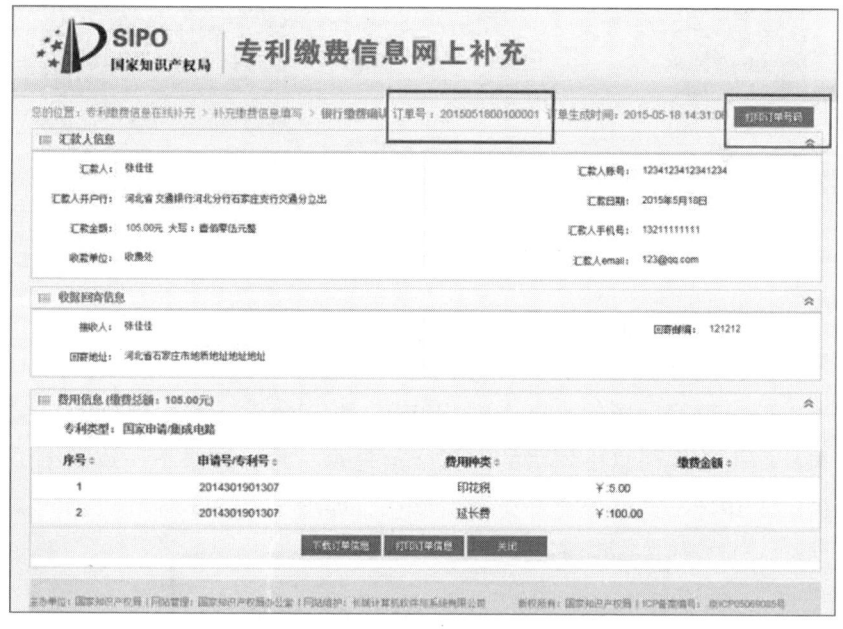

图3-3-9 订单信息界面

第三章　缴纳专利规费

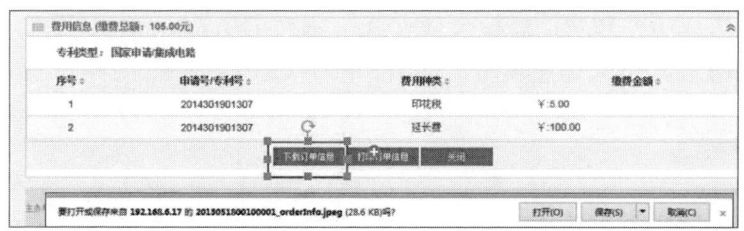

图3-3-10　下载订单信息

点击"打印订单信息"按钮，弹出选择打印方式窗口；点击"打印"，打印出订单详细信息，并在订单顶部显示出订单的打印时间。在订单页面，点击"关闭"按钮，关闭订单页并返回至系统首页。订单信息除了包含缴费人填写的信息之外，也包含了唯一的订单号。缴费人也可通过该系统查看网上补充缴费信息和处理情况。

缴费人将信息补充系统生成的订单号，以及银联标志的卡片或按要求填写的支票、现金，交至南京代办处窗口即可当场缴费并领取收据。

2. 银行缴费信息填写

第一步：登录"专利缴费信息网上补充及管理系统"，进入信息补充系统首页。缴费人选择"银行补充缴费信息填写"，如图3-3-11所示。

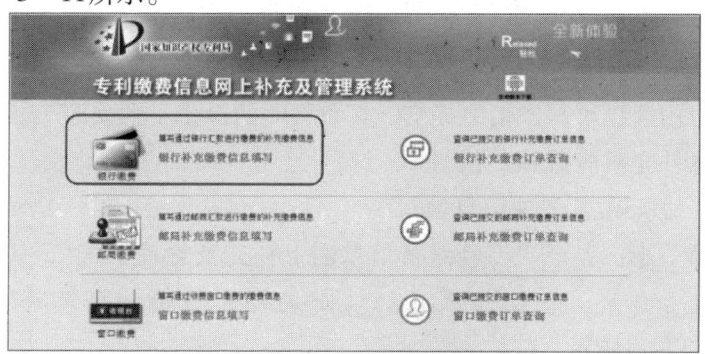

图3-3-11　银行补充缴费信息填写

● 社会公众办理专利事务操作指南

第二步:缴费信息填写("*"为必填项)

(1)汇款人信息填写,如图3-3-12所示。

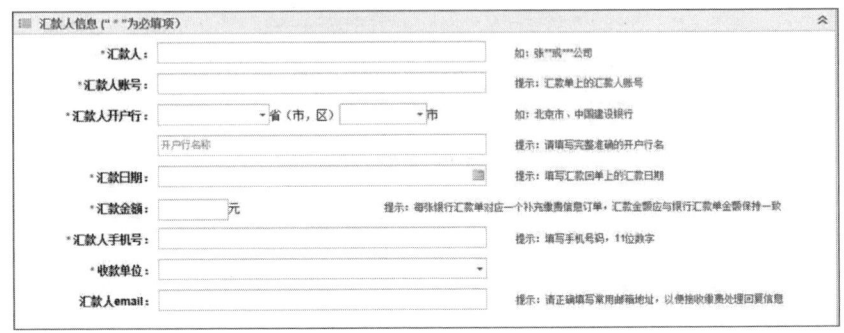

图3-3-12 汇款人信息填写

根据红色字体的提示信息填写内容,填写时要注意汇款账号即为票据抬头名称。

(2)收据回寄信息填写,如图3-3-13所示。

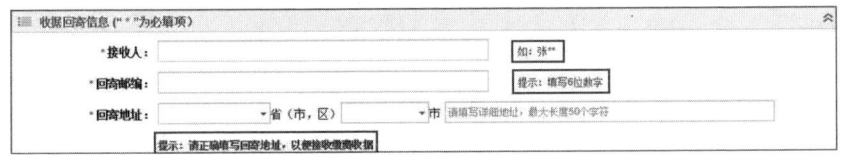

图3-3-13 收据回寄信息填写

(3)费用信息、信息提交、订单打印

费用信息填写、信息提交、订单打印的操作步骤参照"面交缴费信息补充对应流程"执行。

3. 邮局汇款缴费信息填写

第一步:登录"专利缴费信息网上补充及管理系统",进入信息补充系统首页。缴费人选择"邮局补充缴费信息填写",如图3-3-14所示。

第三章 缴纳专利规费

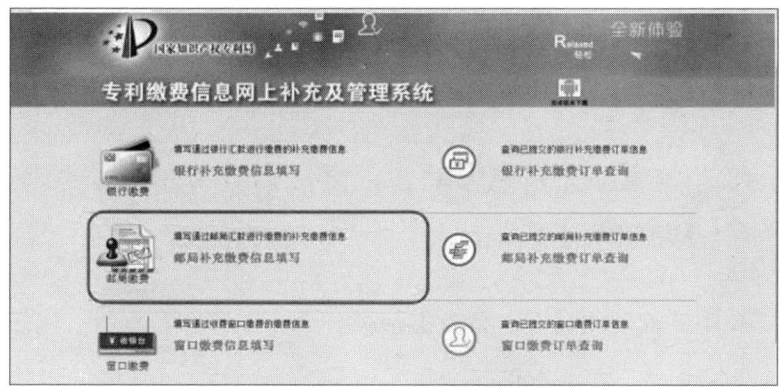

图 3-3-14 邮局补充缴费信息填写

第二步：缴费信息填写（"*"为必填项）

（1）汇款人信息填写，如图 3-3-15 所示。

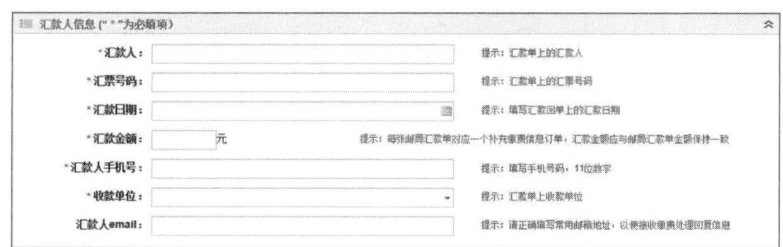

图 3-3-15 汇款人信息填写

根据下方提示信息填写内容。

（2）收据回寄信息填写，如图 3-3-16 所示。

图 3-3-16 收据回寄信息填写

· 155 ·

(3) 费用信息、信息提交、订单打印

费用信息填写、信息提交、订单打印的操作步骤参照"面交缴费信息补充对应流程"执行。

二、信息补充系统移动客户端应用（APP）登录使用手册（Android 手机）

1. APP 安装及登录，请点击网页首页右上角" "按钮可下载本系统 Android APP。

将补充缴费客户端 APP 拷贝至 Android 手机的 SD 卡，在手机"我的文件"中找到 PAClient.apk，点击 PAClient.apk，允许信息补充系统使用网络，完成安装。

窗口补充缴费填写包含汇款人信息、回寄送信息和费用信息。点击系统首页中"窗口缴费"图标进入汇款人信息填写，点击右上角的屋形图标可返回系统首页。

2. 窗口补充缴费填写包含汇款人信息、回寄送信息和费用信息。点击系统首页中"窗口缴费"图标进入汇款人信息填写，点击右上角的屋形图标可返回系统首页，如图 3-3-17、图 3-3-18 所示。

图 3-3-17 补充缴费信息系统手机 APP 首页　　图 3-3-18 补充缴费订单填写界面

窗口缴费中包含两种支付方式：POS 机/现金、支票，点击文本框选择"POS 机支付/现金支付"，如图 3-3-19 所示。汇款人信息全部填写后"下一步"按钮变为蓝色，点击进入"费用信息"填写页面。

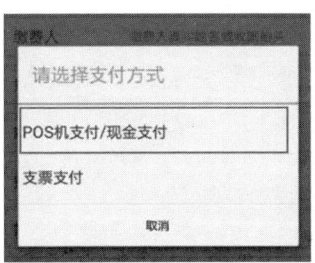

图 3-3-19　选择支付方式

● 社会公众办理专利事务操作指南

在费用信息填写页面选择专利类型。点击"国家申请或集成电路",填写申请号、费用类型及金额,如图3-3-20、图3-3-21所示。

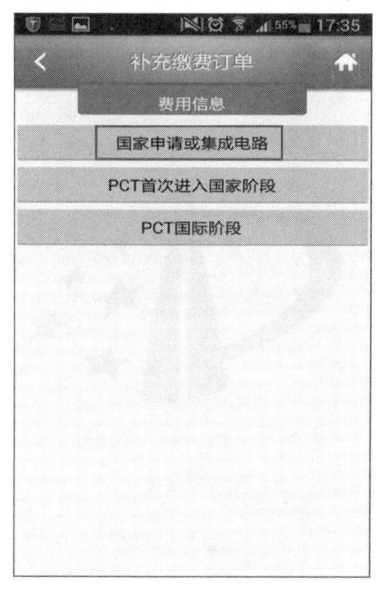

图3-3-20 费用信息填写1

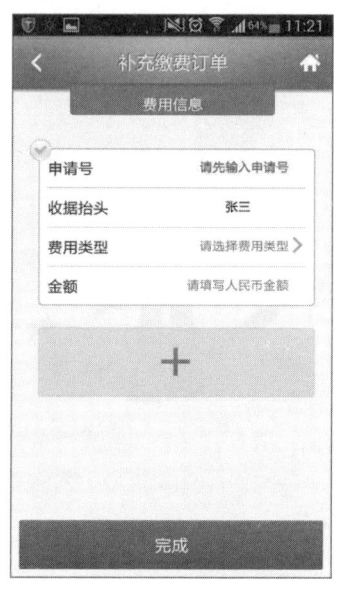

图3-3-21 费用信息填写2

点击界面下方的加号增加一条记录,系统会自动校验申请号是否正确;点击申请号左上角的"√"进入删除页面,勾选后点击"删除",系统提示是否删除,点击"确定"即可删除该条费用信息,如图3-3-22、图3-3-23所示。

第三章 缴纳专利规费

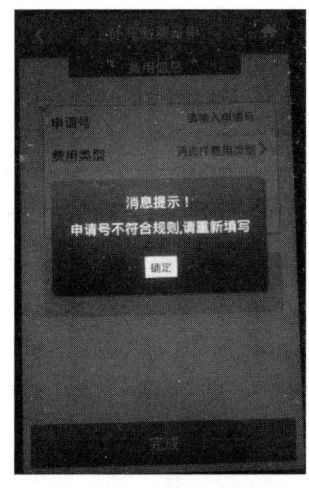

图3-3-22 申请号自动校验

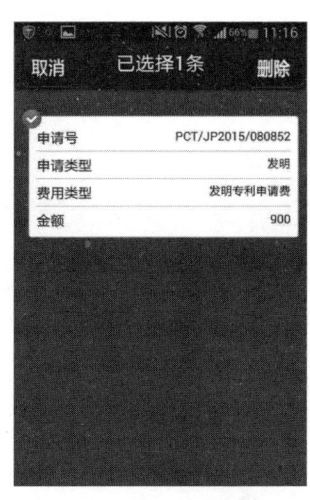

图3-3-23 删除申请号

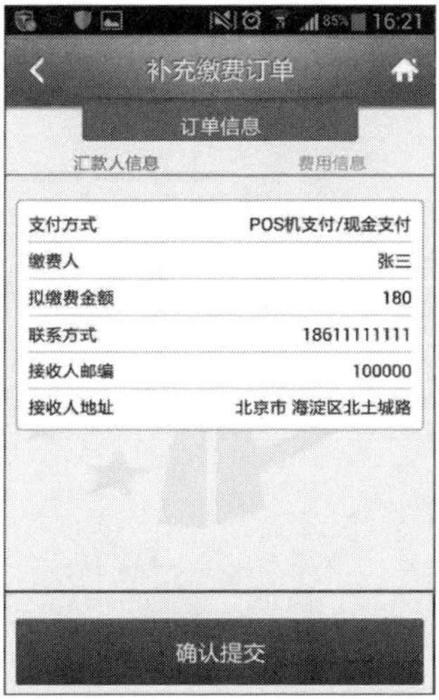

费用信息填写后,点击"完成"进入订单信息页面,缴费人可左右滑动确认已填写信息,点击"确认提交",提交成功后系统会给出订单号。缴费信息提交成功后用户也可到查询页面或历史记录中查看数据,如图3-3-24所示。

图3-3-24 补充缴费订单查询

· 159 ·